港口危险货物重点作业环节风险指导手册

主　编　占小跳

副主编　唐海齐　曾亚梅　周亚飞

中国市场出版社
China Market Press

·北京·

编委会

主　编　占小跳

副主编　唐海齐　曾亚梅　周亚飞

编　者　占小跳　唐海齐　曾亚梅

周亚飞　乐英杰　张　波

任　璟　孙国庆　夏　庆

程霄楠　赵文文　蔡　靖

序言 Preface

为提升港口企业本质安全和港口行政管理部门的监管能力，响应交通运输部关于创新港口安全监管方式的工作要求，宁波大榭港口管理部门和交通运输部水运科学研究院共同开展了“作业区域安全风险评估和风险控制分析”工作。2016年，为进一步引导企业深化重点作业环节风险防控的基础性研究，辖区港口危险货物企业对重点风险管控点进行深入剖析、分解、风险识别和评估，制定出严格的动作顺序、严令禁止的操作和需配备的个人防护用品（PPE）等，并编制了危险货物重点作业环节风险指导手册。为方便企业一线员工学习，使成果真正落地、发挥其应有的作用，分别于2017年、2018年和2020年绘制完成油气化工码头、集装箱码头和危险货物罐区三部分重点作业环节风险指导手册（简称指导手册），以达到提升阅读体验、提高学习效率的目的。

指导手册包括港口危险货物在码头、罐区和集装箱装卸储运3方面40个生产作业环节，采用漫画的形式展示不同作业环节的风险点，突出现场操作要求和安全管理要求，生动形象地展示了港口危险货物作业的重点环节和要求。第一部分为油气化工码头重点作业环节风险指导手册，包括系缆作业、装软管等14个作业环节；第二部分为危险货物罐区重点作业环节风险指导手册，包括库区日常巡检、倒罐作业等14个作业环节；第三部分为集装箱码头重点作业环节风险指导手册，包括靠泊作业、集卡作业等12个作业环节。每个部分均根据作业要求，规定了不同岗位人员的标准PPE着装。在每个作业环节中根据作业流程，给出了相应的管控措施和有关要求，并将重点操作要求或管控措施在漫画上予以提示，对提升港口危险货物作业安全和风险管理水平具有实际指导意义。

指导手册在绘制过程中得到了万华化学（宁波）码头有限公司、宁波大榭关外码头有限公司、宁波实华原油码头有限公司、宁波大榭招商国际码头有限公司、宁波利万聚酯材料有限公司、宁波大榭中油燃料油码头有限公司、中海石油宁波大榭石化有限公司、宁波大榭信业码头有限公司、宁波大榭开发区信海油品仓储有限公司、宁波百地年液化石油气有限公司、中石油燃料油有限责任公司宁波大榭仓储分公司、宁波大榭开发区信海油品仓储有限公司、宁波大榭化工仓储有限公司和宁波大榭开发区衡欣石化有限公司等大榭港区企业联合会成员单位的大力支持，在此一并表示感谢。

由于编者水平有限，难免存在不当之处，恳请读者批评指正。

目录 Contents

第一部分
油气化工码头重点作业环节风险指导手册

A 系缆作业 / 6
B 解缆作业 / 8
C 装软管 / 9
D 拆软管 / 10
E 输油臂连接作业 / 11
F 输油臂拆除作业 / 12
G 装(卸)船作业 / 13
H 通球作业 / 16
I 动火作业 / 19
J 抽堵盲板 / 21
K 临时用电 / 23
L 登高作业 / 25
M 受限空间作业 / 27
N 登船梯作业 / 29

第二部分
危险货物罐区重点作业环节风险指导手册

A 库区日常巡检 / 34

B 库区卸船(进库)作业 / 37

C 库区装船(出库)作业 / 39

D 倒罐作业 / 40

E 伴热作业 / 41

F 计量、测温与取样 / 42

G 机泵操作 / 44

H 清罐作业 / 46

I 槽车安全检查 / 47

J 开充装单 / 50

K 槽车进出地磅 / 51

L 液化烃槽车充装 / 52

M 油品槽车充装 / 56

N 槽车离库 / 59

第三部分
集装箱码头重点作业环节风险指导手册

A 靠泊作业 / 64

B 登轮作业 / 65

C 码头面作业 / 69

D 铲锁箱作业 / 70

E 船上作业 / 71

F 桥吊大车行走 / 74

G 桥吊装卸作业 / 76

H 集卡作业 / 81

I 集卡箱区作业 / 82

J 龙门吊作业 / 84

K 堆高机作业 / 87

L 钢丝绳作业 / 89

Oil&Gas and Chemical
Terminals

Operation Instructions of Key Risk Management of Oil&Gas and Chemical Terminals

第一部分
油气化工码头
重点作业环节风险指导手册

宁波大榭开发区交通港口局
大榭港区港口企业联合会
交通运输部水运科学研究院

安全员、操作班长

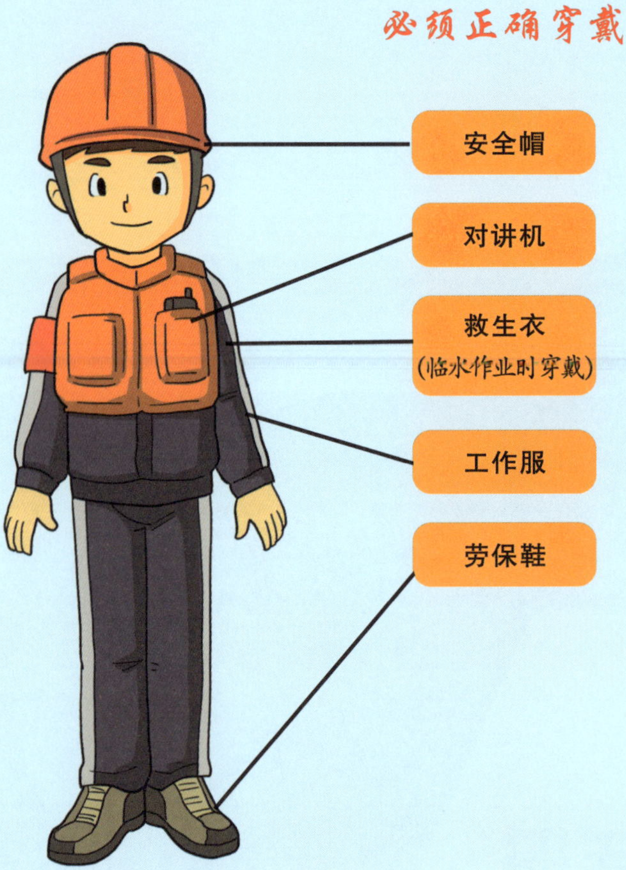

解系缆作业

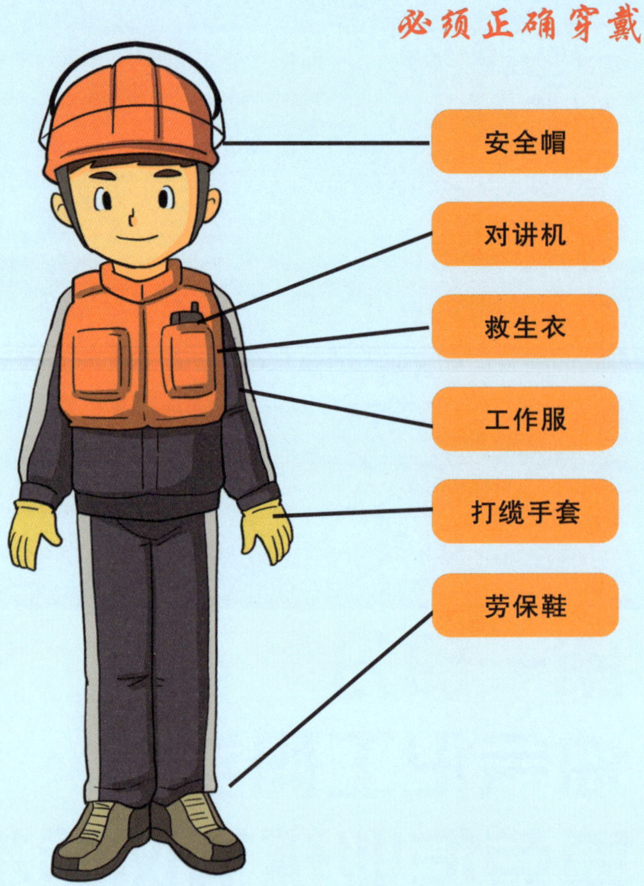

登高作业

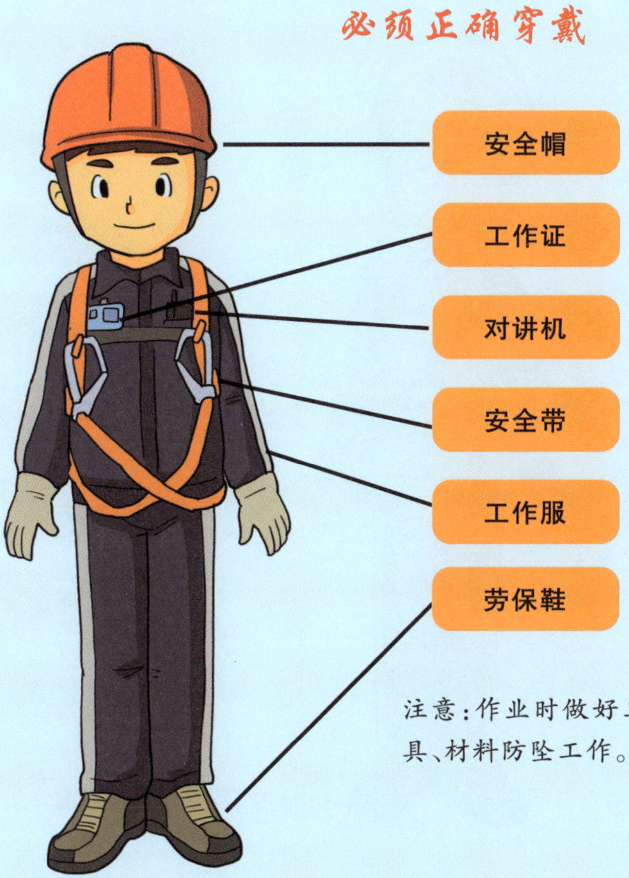

注意：作业时做好工具、材料防坠工作。

动火作业

通球作业、拆装（输油臂）软管作业、抽堵盲板作业、装（卸）船作业

（临水须穿戴救生衣）

受限空间作业

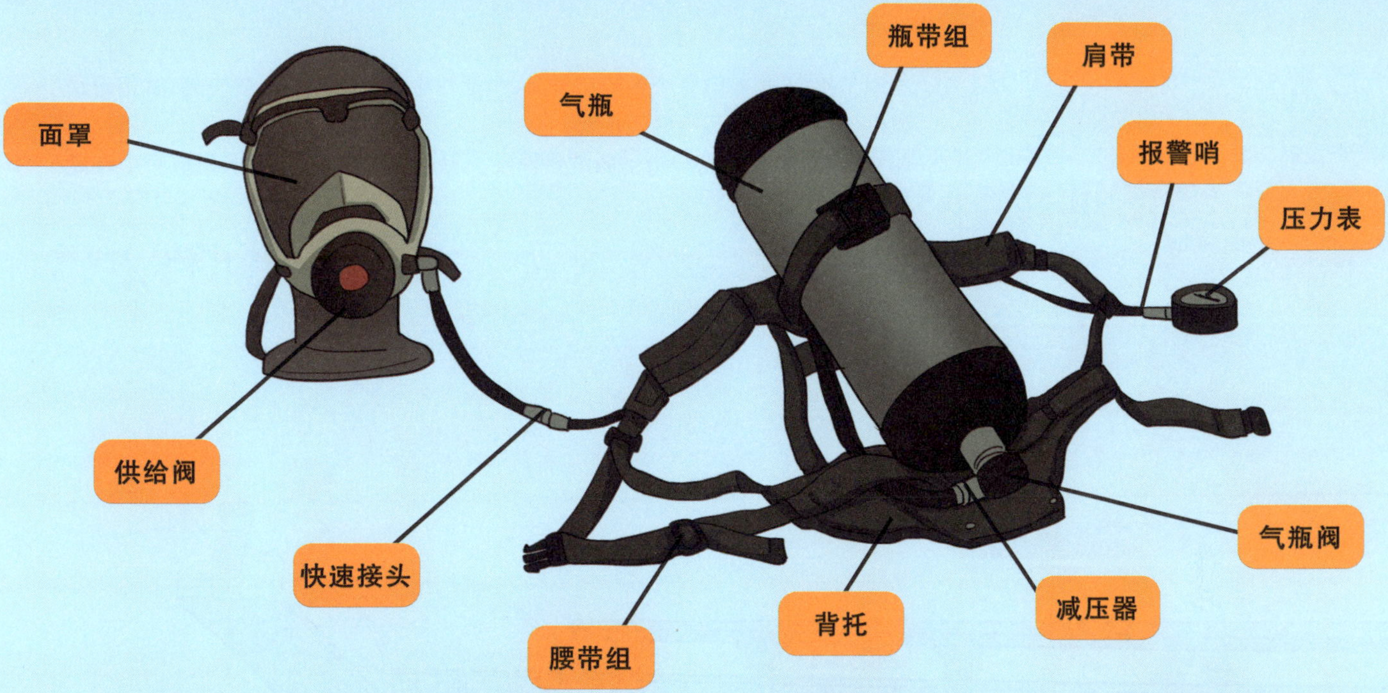

佩戴正压式呼吸器

佩戴五点式安全带

A 系缆作业

1. 准备工作：人员穿戴好个人防护用品，包括救生衣、打缆手套、安全帽，试运行绞缆机，查看绞缆机运行是否正常；
2. 船方撇缆：码头人员应指引船方将撇缆头抛向指定区域，系缆人员应集中注意力避开船方撇缆头；

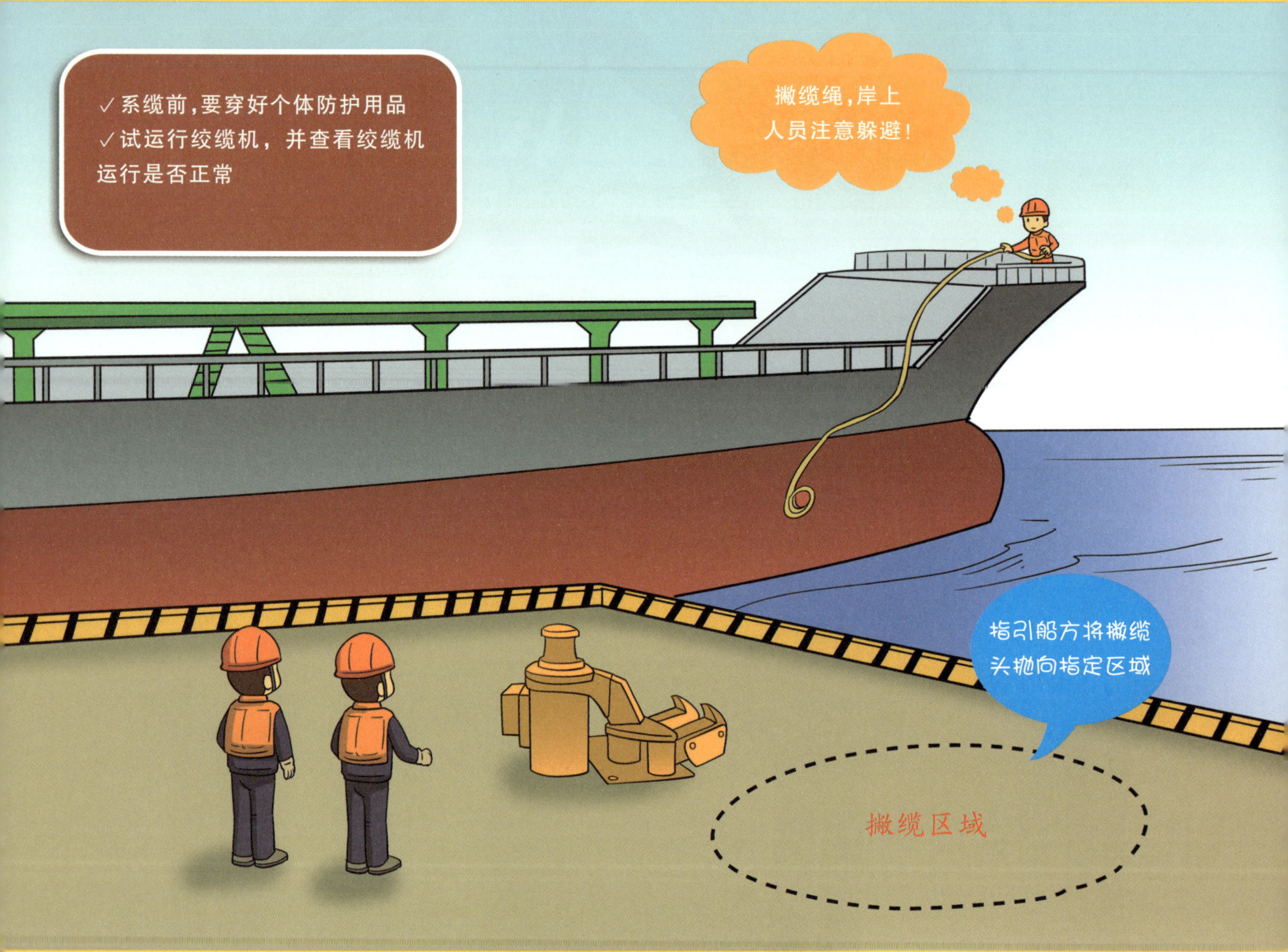

√系缆前，要穿好个体防护用品
√试运行绞缆机，并查看绞缆机运行是否正常
撇缆绳，岸上人员注意躲避！
指引船方将撇缆头抛向指定区域
撇缆区域

3. 绞缆：使用足够强度的引缆来牵拉缆绳，使用绞缆机应将引缆绕在绞缆机绞盘上3~4 圈，防止打滑；绞缆操作人员切勿背对海侧，禁止站在缆绳的反弹区域内操作；
4. 引缆：根据缆绳重量安排 2~3 名操作工拉引缆，直至将缆绳琵琶头挂进缆桩；
5. 作业完毕后应检查相关设备设施收回并处于关闭状态。

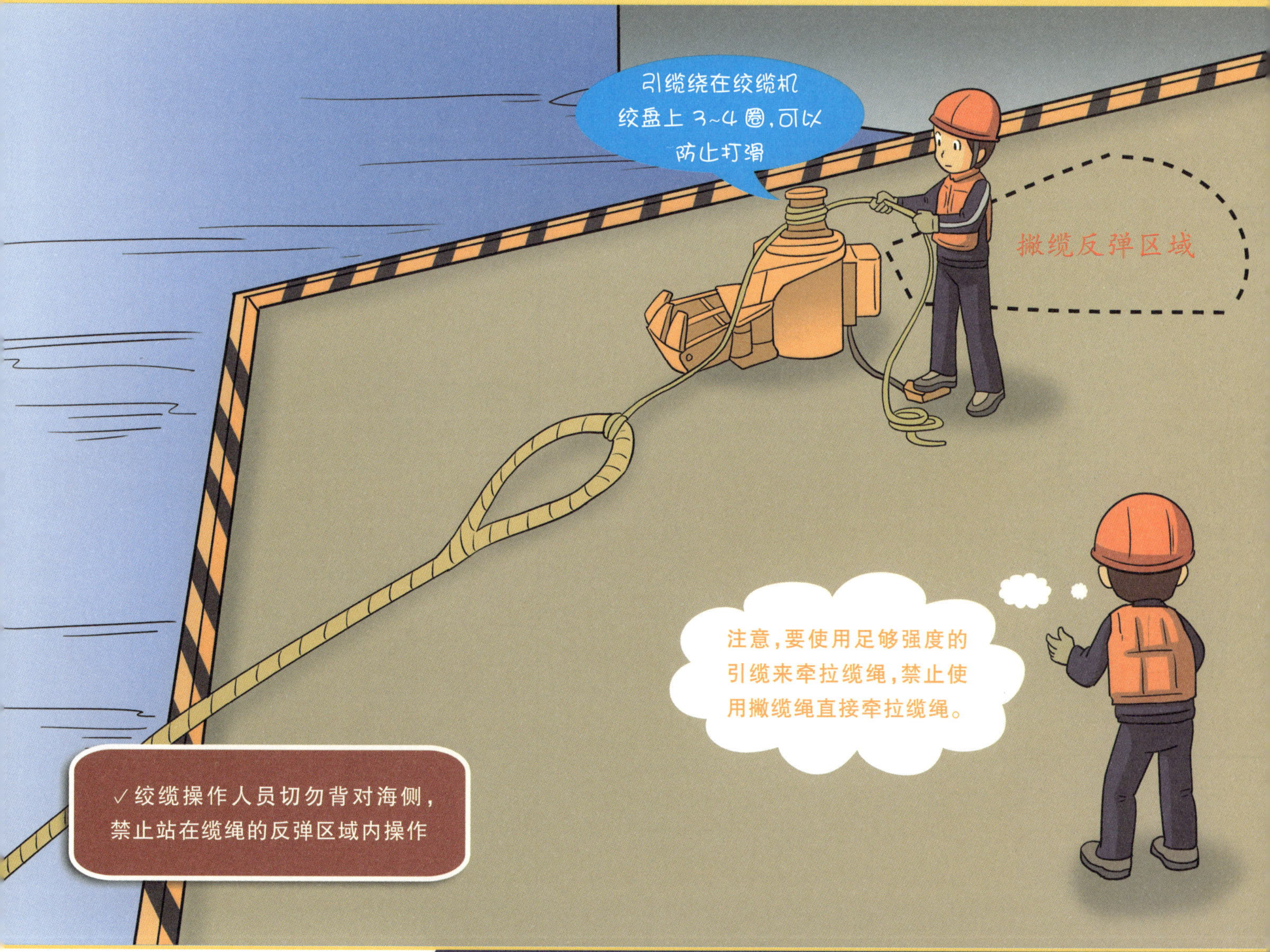
引缆绕在绞缆机
绞盘上 3~4 圈，可以
防止打滑
撇缆反弹区域
注意，要使用足够强度的
引缆来牵拉缆绳，禁止使
用撇缆绳直接牵拉缆绳。
✓绞缆操作人员切勿背对海侧，
禁止站在缆绳的反弹区域内操作

B 解缆作业

1. 提前到位：检查操作平台有无妨碍作业和行走的障碍物；
2. 按船方要求解缆：先解首尾缆，再解横缆，最后解首尾倒缆；
3. 船方绞缆：若有防撞球，则员工手持防撞球做好应急措施；
4. 船岸沟通：值班长与船方时刻保持联系；
5. 工完场清：船舶离开后检查码头及四周。

禁止背水作业、倒拉作业、腹缆作业、肩缆作业。
禁止站在：
1.弯曲缆绳、引缆、索具的内侧；
2.缆绳一端受绞拉、牵引或受水流冲击时，缆绳的扫向；
3.缆绳受力的反方向
每根缆绳不得少于两人，待缆绳接触海面后方可解缆
不能用脚踩踏正在滑动、溜动的缆绳

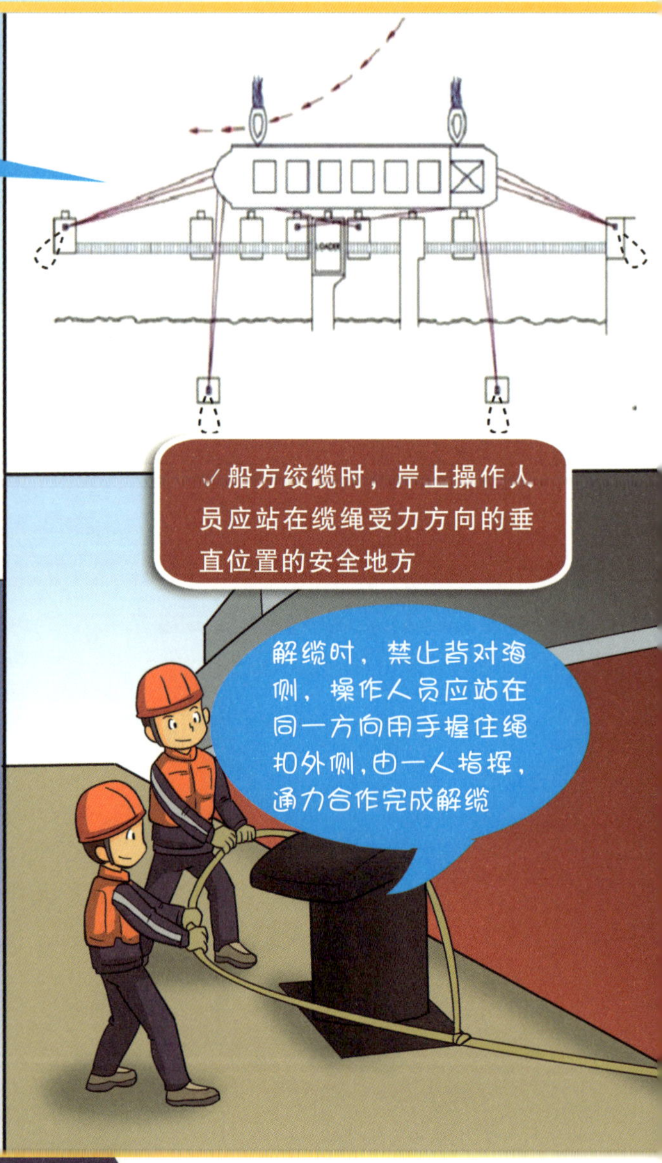

LOADER
✓船方绞缆时，岸上操作人员应站在缆绳受力方向的垂直位置的安全地方
解缆时，禁止背对海侧，操作人员应站在同一方向用手握住绳扣外侧，由一人指挥，通力合作完成解缆

1. 吊运软管：采用软管吊机吊运软管到船方，船方人员将软管放置到位；
2. 连接软管：船方人员拆除盲板，将软管与船上法兰用螺栓连接；
3. 试压：开启氮气供应阀门，打开软管接口处氮气阀门，开启旁路阀门，压力达到与船方约定的作业压力为准；
4. 检漏：开启旁路阀门，法兰无泄漏。

装软管 C

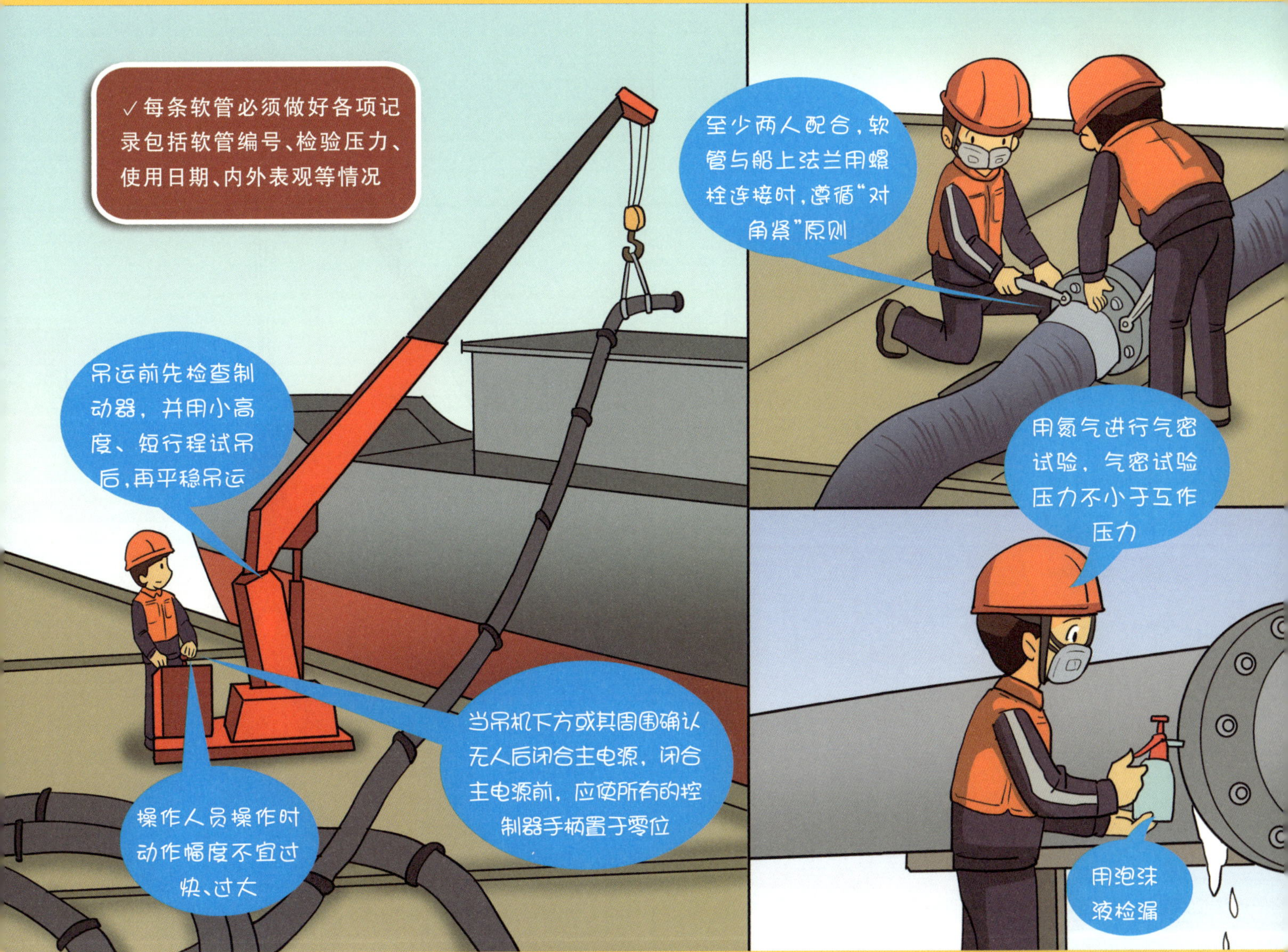

√每条软管必须做好各项记录包括软管编号、检验压力、使用日期、内外表观等情况
吊运前先检查制动器，并用小高度、短行程试吊后，再平稳吊运
当吊机下方或其周围确认无人后闭合主电源，闭合主电源前，应使所有的控制器手柄置于零位
操作人员操作时动作幅度不宜过快、过大
至少两人配合，软管与船上法兰用螺栓连接时，遵循"对角紧"原则
用氮气进行气密试验，气密试验压力不小于工作压力
用泡沫液检漏

D 拆软管

1. 泄压：岸上操作人员打开氮气阀门，进行管线吹扫，船方人员打开导淋阀进行泄压，排空压力；
2. 拆管：船方人员拆除法兰螺栓，并封盲板；
3. 软管归位：采用软管吊机收回软管，置于软管小车或橡胶衬垫上。

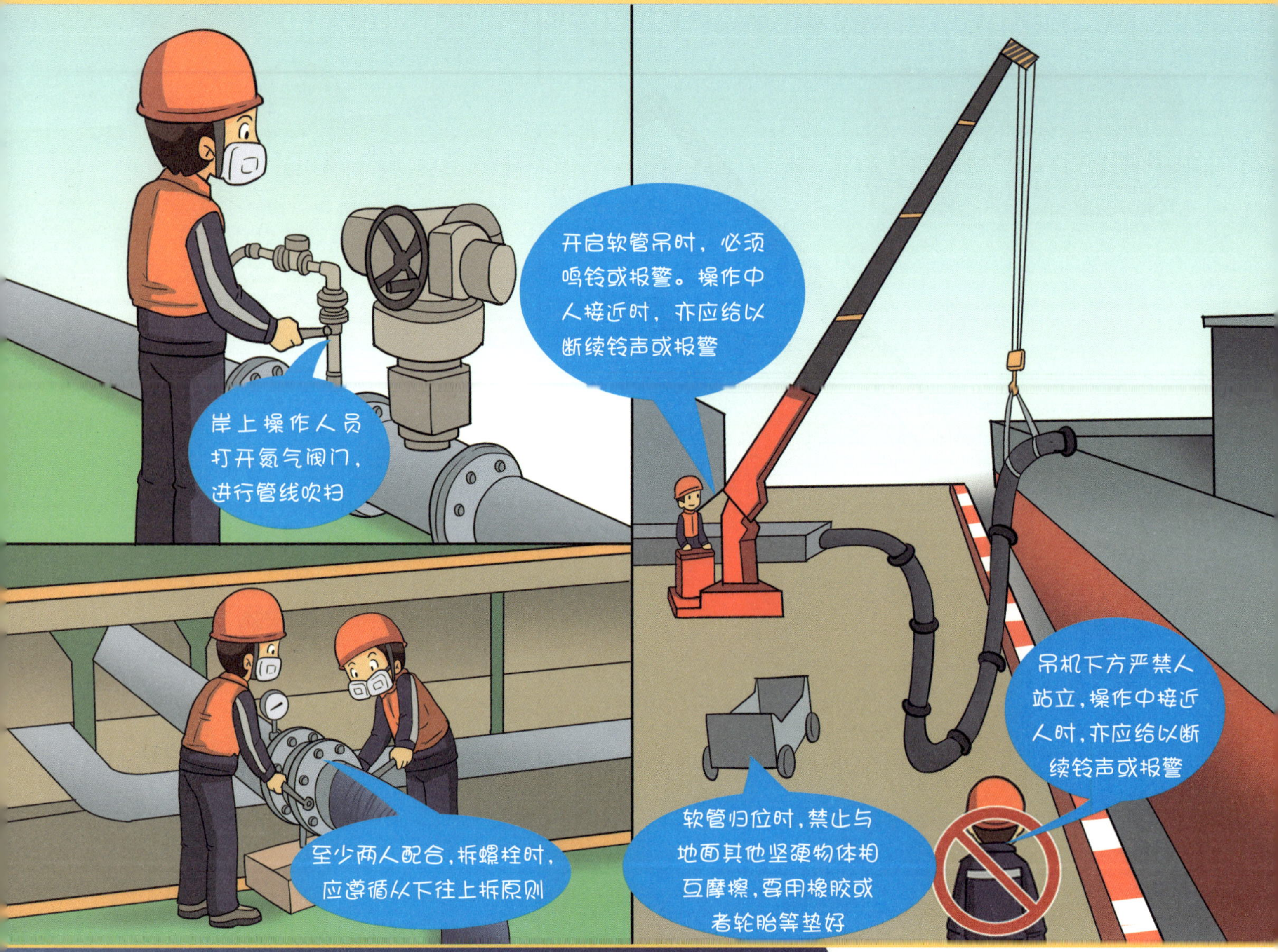

岸上操作人员打开氮气阀门，进行管线吹扫
开启软管吊时，必须鸣铃或报警。操作中人接近时，亦应给以断续铃声或报警
至少两人配合，拆螺栓时，应遵循从下往上拆原则
软管归位时，禁止与地面其他坚硬物体相互摩擦，要用橡胶或者轮胎等垫好
吊机下方严禁人站立，操作中接近人时，亦应给以断续铃声或报警

输油臂连接作业 E

1. 准备工作：码头安排人员接臂，船方配合，船岸双方保持沟通；
2. 接臂：岸方人员操作装卸臂，操作人员将其对准船上法兰，并拧紧螺栓（风力不小于 7 级时，停止使用输油臂并置于复位锁紧状态）；
3. 检漏：用泡沫液检漏并仔细观察，确保船岸双方的法兰连接面密封；
4. 打开阀门：卸掉紧急脱离切断阀螺栓，打开紧急切断阀门。

将输油臂与船舶法兰对正，两人配合，遵循“对角紧”原则拧紧螺栓
当紧急脱离装置处于“准备脱离”状态时，在控制柜上检查装置 ERS 信号灯是否常亮，并确认输油臂处于浮动状态
油船靠泊与输油臂法兰连接应位于输油臂的连接区内，即尽量使集管中心与停泊线对齐在±1m 范围内
接臂后需对接臂口进行气密性试验
拔掉紧急脱离装置的定位销，使之处于“准备脱离”状态

F 输油臂拆除作业

1. 准备工作：泄压、拆螺杆、拆管；
2. 回收输油臂：解除紧锁装置，开启遥控器收输油臂；
3. 工完场清：关闭油路阀门，关闭电源，锁紧安全装置。

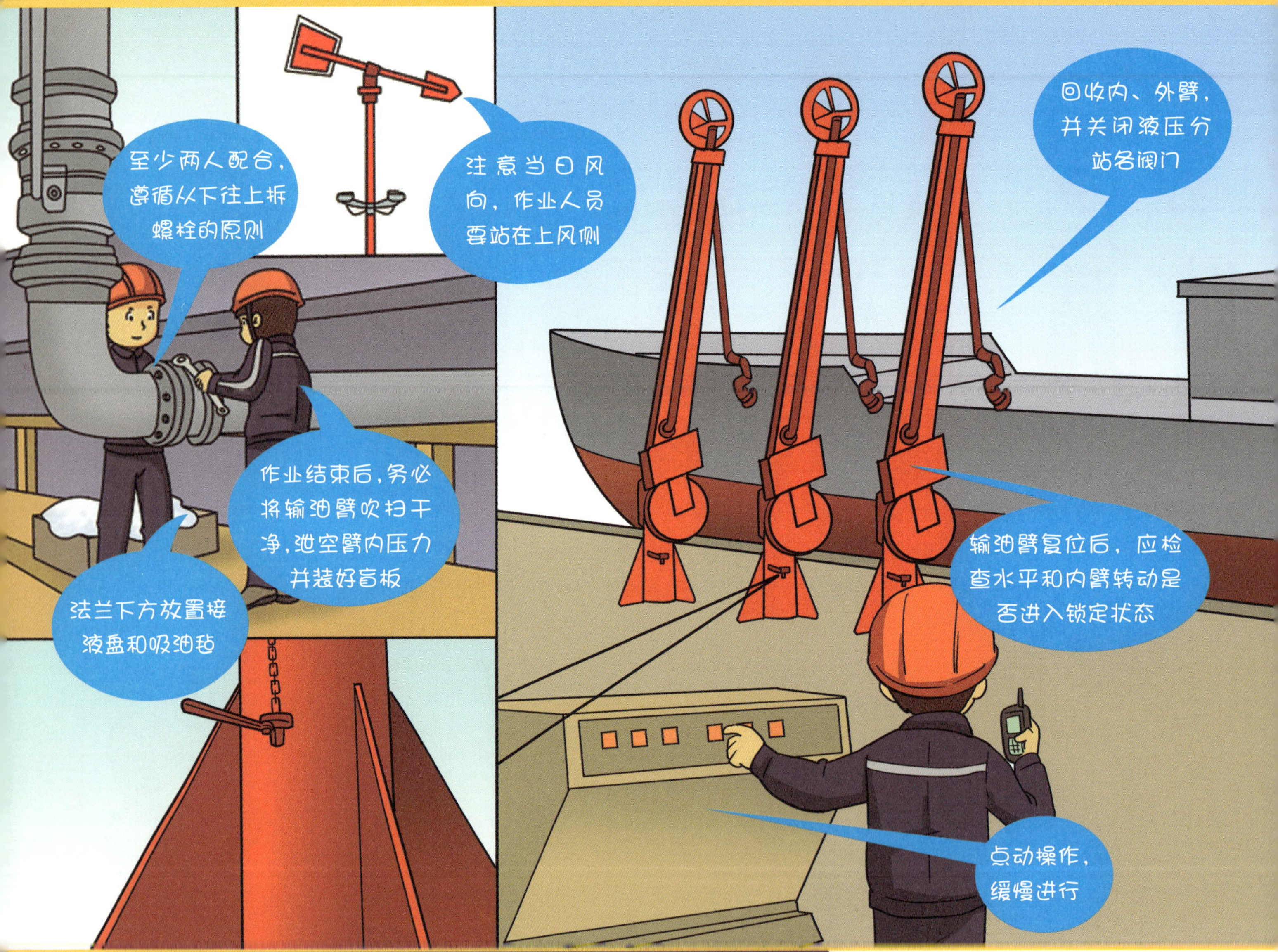
至少两人配合，遵循从下往上拆螺栓的原则
注意当日风向，作业人员要站在上风侧
作业结束后，务必将输油臂吹扫干净，泄空臂内压力并装好盲板
法兰下方放置接液盘和吸油毡
回收内、外臂，并关闭液压分站各阀门
输油臂复位后，应检查水平和内臂转动是否进入锁定状态
点动操作，缓慢进行

装（卸）船作业

1. 装（卸）前准备：与调度沟通，确定装（卸）船管线，与泵棚（罐区）人员确认输油泵（储罐）状态；
2. 检查工艺流程：检查码头至罐区工艺流程，查看管道法兰、阀门是否存在泄漏，仪表是否正常，准备就绪后，通知调度、泵棚（船方）可以启泵；
3. 开阀装（卸）船：码头开阀装（卸）船，注意货物过料情况，询问船方液位情况，观察管线压力和流量计情况，并用对讲机询问储罐液位情况；

装（卸）船前后，船、岸、库三方做好充分交流沟通
泵房已做好准备。
罐区已做好准备。
岸方注意，船上准备启泵！
作业前，三方各自负责做好己方工艺流程的检查确认

G 装(卸)船作业

4. 装(卸)过程巡检:巡检船舶缆绳、吃水情况,检查输油臂与船方对接处是否泄漏,观察管线压力、温度、流量及阀门法兰接口情况;

5. 按指令关闭阀门:人员接到关阀指令后迅速关阀,用对讲机向调度报告;

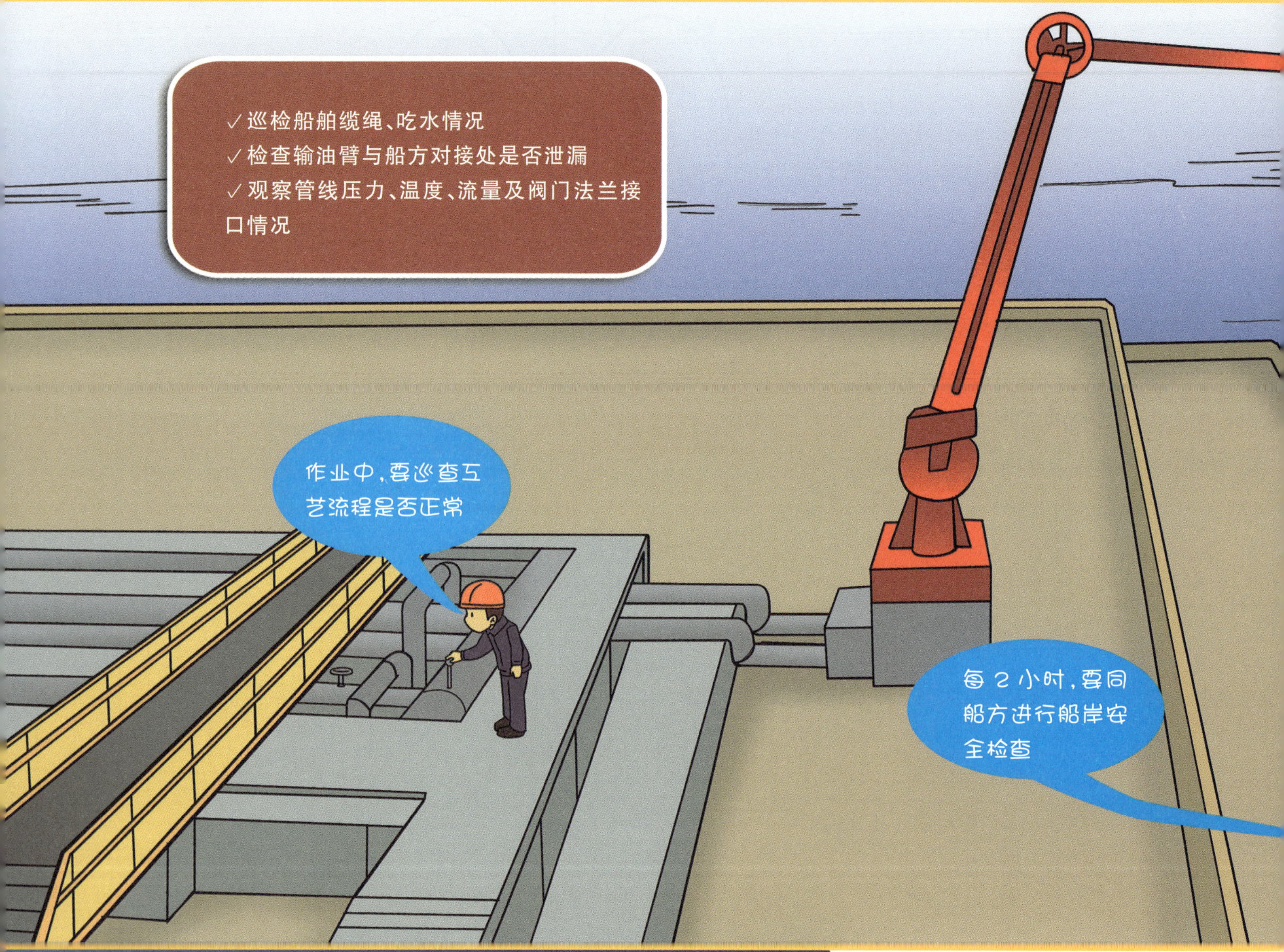
✓巡检船舶缆绳、吃水情况
✓检查输油臂与船方对接处是否泄漏
✓观察管线压力、温度、流量及阀门法兰接口情况
作业中,要巡查工艺流程是否正常
每2小时,要同船方进行船岸安全检查

6. 吹扫输油臂：根据货种选择合适吹扫介质，吹扫压力、次数应符合操作规程。

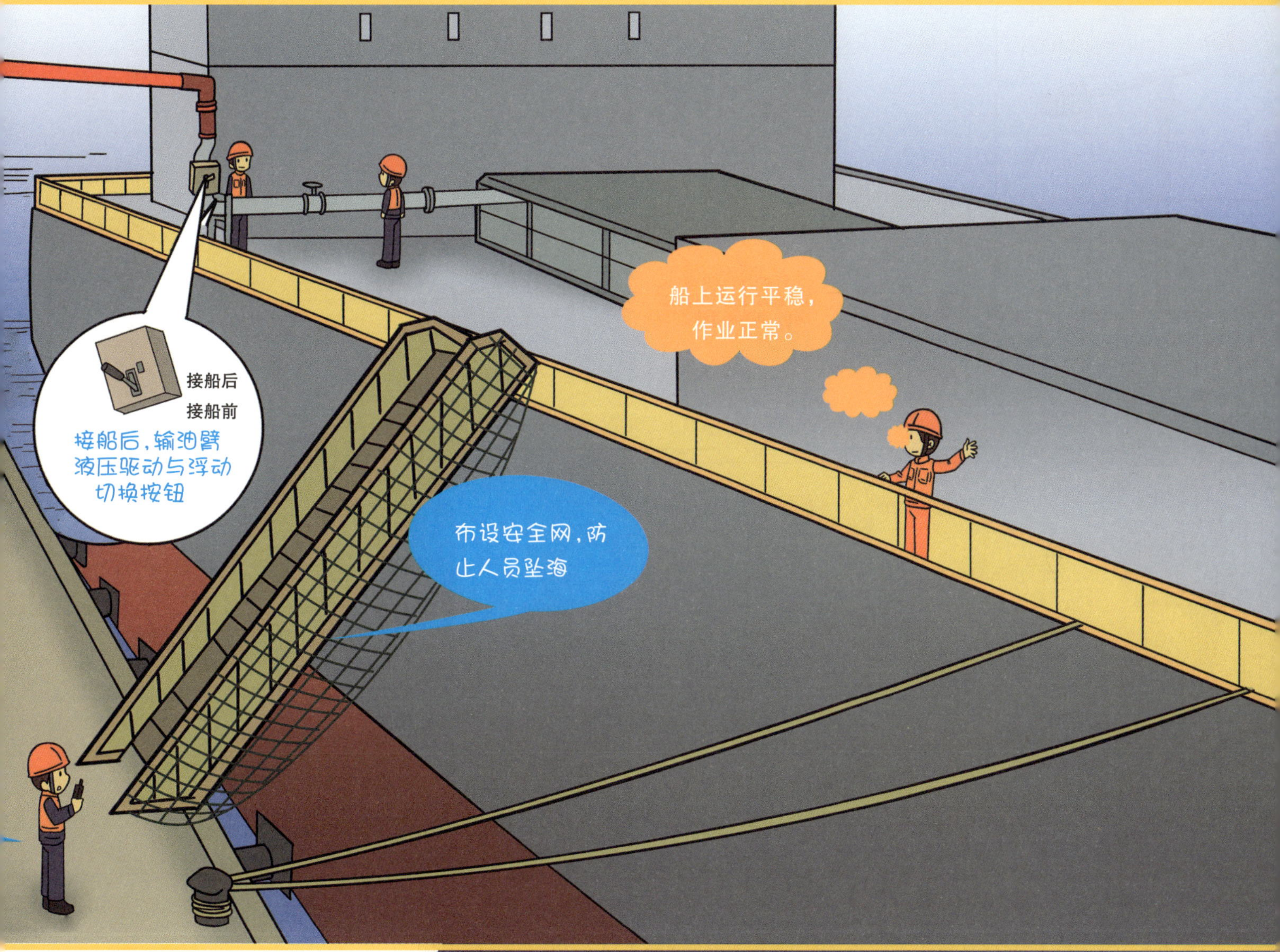
接船后
接船前
接船后，输油臂液压驱动与浮动切换按钮
船上运行平稳，作业正常。
布设安全网，防止人员坠海

H 通球作业

1. 与罐区沟通：操作班长通过对讲机与罐区沟通，确认是否可以开始通球；
2. 关闭收发球器阀门并泄压：关闭阀门，通过排污阀排空收发球器内的压力；
3. 拆盲板：打开收发球器盲板；

注意当日风向，作业人员要站在上风侧
阀门处于关闭状态
关闭
压力表归零
注意检查管线上各个阀门关闭是否正常、收发球器本身是否完好、压力表和通球指示器是否完好，检查气源以及排污系统是否正常。
通过排污阀门将压力排空
拆螺栓时从下往上依次拆除
排污阀下方放置接液盘和吸油毡

4. 塞球:将通球器塞进收发球器腔内,塞进“猪笼”,封盲板;

先塞球,再塞“猪笼”,最后封盲板
阀门处于关闭状态
压力表归零
关闭
塞球时,应注意塞球深度,塞到合适的位置,至少应塞过加气口阀门的位置
排空阀门处于开启状态

✓若使用快开盲板,正面与内侧面禁止站人

✓若盲板为卡箍盲板,应检查筒内无异物后应擦净密封圈面,在密封圈上涂抹黄油,并关好盲板

五 通球作业

5. 加气：连接加气管，检查连接牢固情况；
6. 通球：打开加气阀门并打开收发球器阀门开始通球，关注压力表情况；
7. 检漏：用泡沫液检查盲板是否存在泄漏情况；
8. 发球完毕：操作班长与罐区沟通，操作人员关闭阀门；
9. 工完场清：拆掉加气管，确认管路通球完成后，操作班长确认现场清理完毕。

与罐区沟通：请准备确认是否可以通球。
与操作工沟通：确认完毕，开始通球。
阀门处于开启状态
开启
确认吹扫的管线与氮气管线连接处的密封性
加气初始压力不宜过高
注意泡沫液不应产生泡沫，否则说明存在泄漏情况
✓确认通球发出后，把吹扫压力调到工作压力，注意观察压力表读数

动火作业

1. 准备工作：动火人申请动火作业票，动火负责人向动火人交代作业任务和防火安全注意事项，组织落实风险分析、动火安全措施；
2. 现场检查：监火人到位，动火作业审批人查看动火人动火作业证，查看现场动火工器有无合格检测标签，落实防火毯、警戒线、警示牌、PPE、灭火器的配置情况；
3. 取样分析：动火取样分析人对气体进行取样分析；
4. 动火批准：动火作业审批人确认后批准动火作业；

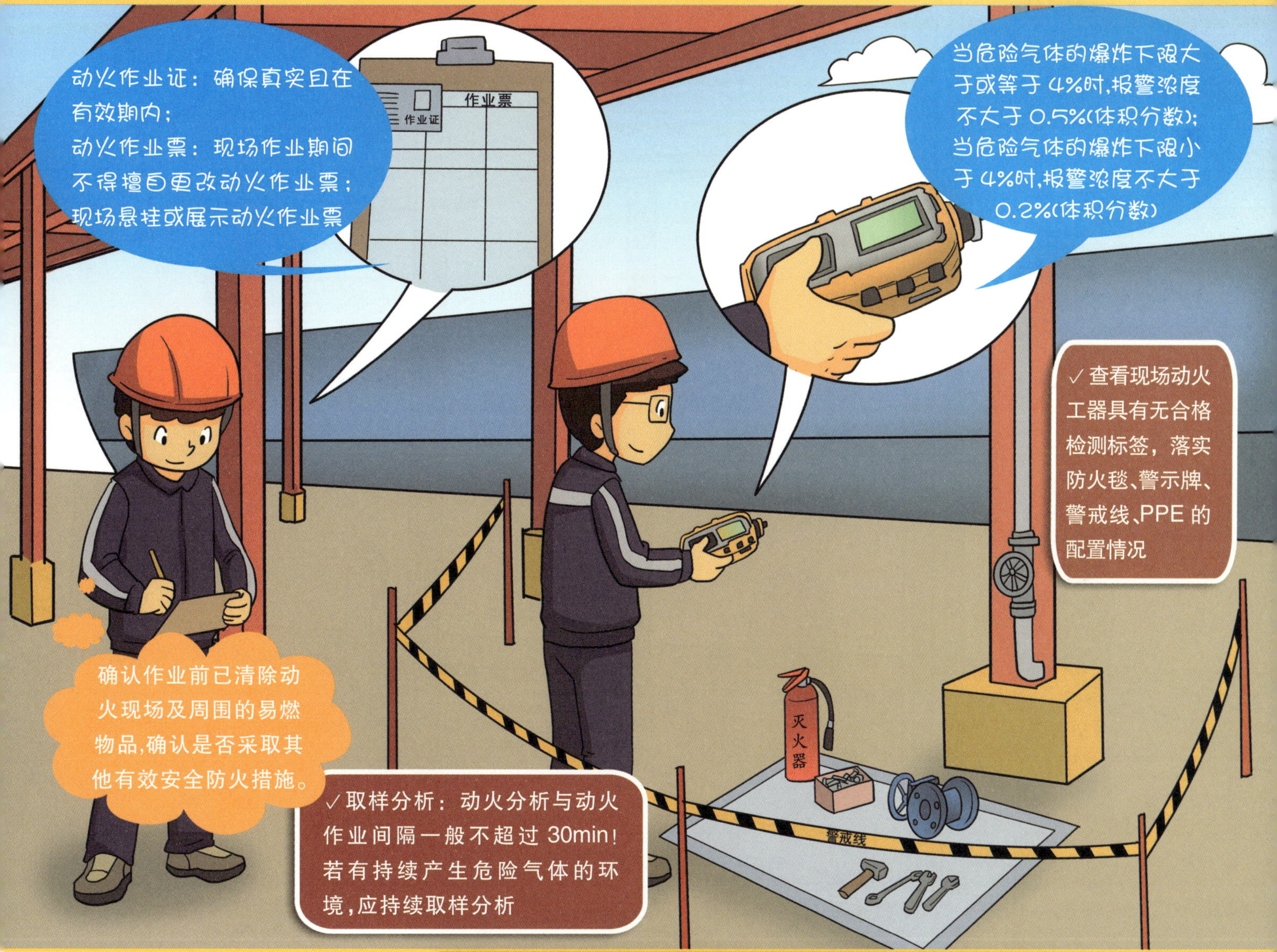

动火作业证：确保真实且在有效期内；
动火作业票：现场作业期间不得擅自更改动火作业票；
现场悬挂或展示动火作业票
作业票
作业证
当危险气体的爆炸下限大于或等于4%时，报警浓度不大于0.5%(体积分数)；
当危险气体的爆炸下限小于4%时，报警浓度不大于0.2%(体积分数)
✓查看现场动火工器具有无合格检测标签，落实防火毯、警示牌、警戒线、PPE的配置情况
确认作业前已清除动火现场及周围的易燃物品，确认是否采取其他有效安全防火措施。
✓取样分析：动火分析与动火作业间隔一般不超过30min！若有持续产生危险气体的环境，应持续取样分析
灭火器
警戒线

I 动火作业

5. 开始动火作业：动火人穿戴好PPE开始动火，监火人现场监护，区域负责人现场巡逻（5级风及以上天气，原则上禁止露天动火作业）；
6. 工完场清：动火人会同监火人清理现场，确保现场没有暗火、焊渣及可燃物；
7. 关闭动火作业票：动火作业审批人关闭动火作业票。

✓动火作业，禁止无关人员靠近
监火人站在警戒区外，灭火器放置于随时可取的地方，以防万一
乙炔瓶应直立放置，氧气瓶与乙炔气瓶间距不应小于5m，二者与动火作业地点不应小于10m，并不得在烈日下暴晒
乙炔气瓶
氧气瓶
灭火器
10m
5m
禁止无关人、物、车等进入现场。

抽堵盲板

1. 准备工作：申请盲板抽堵作业许可证，开展工作安全分析，确认安全防护措施；作业人员应穿防静电工作服、工作鞋；距作业地点30m内不得有动火作业；工作照明应使用防爆灯具；作业时应使用防爆工具；禁止用铁器敲打管线、法兰；准备作业所需工属具；
2. 现场检查：落实安全措施，如警戒线、可移动消防设施、人员个体防护等，检测可燃气体，低点放空，确认余压；
3. 批准作业：由审批人确认后，批准抽堵盲板作业；

J 抽堵盲板

4. 进行作业：根据作业票进行盲板抽堵作业，监护人员对作业进行实时监护，监护人员坚守岗位，不得脱岗；
5. 工完场清：确认现场无“跑、冒、滴、漏”等现象，做到工完场清；
6. 关闭抽堵盲板作业许可证。

作业人员要
站在上风向。
安全
根据介质类型
选择相应盲板

1. 准备工作：申请临时用电作业票，开展工作安全分析，确定安全防护措施，准备作业所需工属具；
2. 现场检查：作业人员、安全管理人员、现场管理人员进行现场检查，如灭火器是否正常、静电接地是否牢靠有效，现场确认安全防护措施落实；
3. 批准作业：由审批人确认后，批准临时用电作业；
4. 送电前准备：打开码头电气箱，并进行合闸；

临时用电 K

临时用电许可证
电工证
✓现场检查灭火器是否正常、静电接地是否牢靠有效
✓现场确认安全防护措施落实
灭火器
检查静电接地是否牢靠有效

K 临时用电

5. 合闸送电：由一名持证电工进行监护，另一名持证操作人员打开配电房电源开关，开始送电，码头配电箱指示灯亮起；
6. 用电作业监护：作业人员启用临时用电配电箱，现场监护人员现场进行监护；
7. 工完场清：按顺序关闭各个电源开关，做到工完场清；
8. 关闭临时用电作业许可证。

合闸送电时，
要有人员监护
绝缘毯
按顺序关闭
各个电源开关，
做到互完场清
安全员

1. 准备工作：作业单位负责人申请高处作业，开展工作安全分析，确定安全防护措施，准备作业所需工属具；
2. 现场检查：作业单位负责人、公司监护人、专职安全员进行风险辨识，确定安全防护措施；作业单位负责人和公司监护人现场确认安全措施落实情况，如人员个体防护装备、现场警戒、风力大小等；
3. 批准作业：登高作业项目负责部门现场查看，并批准作业；

登高作业许可证
安全绳要定期检查，
要采用五点式双钩安全带。

登高作业

4. 现场监护人监护：作业单位负责人和公司监护人进行现场监督；
5. 工完场清：作业结束，作业单位人员现场清理，收拾工具撤离；
6. 关闭登高作业许可证。

安全带要
高挂低用
登高作业可马虎不得，
现场监督要到位。
2m 及以上登高作业

1. 准备工作：申请进入受限空间作业许可证，开展工作安全分析，确定安全防护措施，准备作业所需工属具；
2. 现场检查：由作业单位、现场管理人员、安全管理人员确认现场环境、设备、人员个体防护设备等符合作业要求，落实现场各项安全防护措施；
3. 气体检测：由监护人员将气体检测器伸入受限空间进行气体检测；
4. 批准作业：由审批人员确认后，批准作业；

检查气瓶压力，穿戴好个体防护设备。
受限空间作业许可证
安全员
进入受限空间前，必须检测含氧量和有害气体浓度

M 受限空间作业

5. 进入受限空间：根据作业许可证内容，在专人监护下进入受限空间；
6. 工完场清：作业结束，恢复现场设备，清理现场卫生；
7. 关闭受限空间作业许可证。

作业过程中，注意监测气体浓度和氧气瓶压力
进入受限空间后，要保证通信畅通。
安全员

登船梯作业

1. 选择平台:视船位情况,操作登船梯子控制柜选择楼层;
2. 操作登船梯:打开安全门,进入旋转平台,关闭安全门,布放操作登船梯,并根据船位变化随时改变调整楼层(遇有8级以上大风,即风速大于20m/s时,停止使用登船梯);
3. 回收登船梯:在旋转平台操作收回登船梯到指定部位;
4. 工完场清:确认控制柜正常后关闭柜门,与调度沟通完毕。

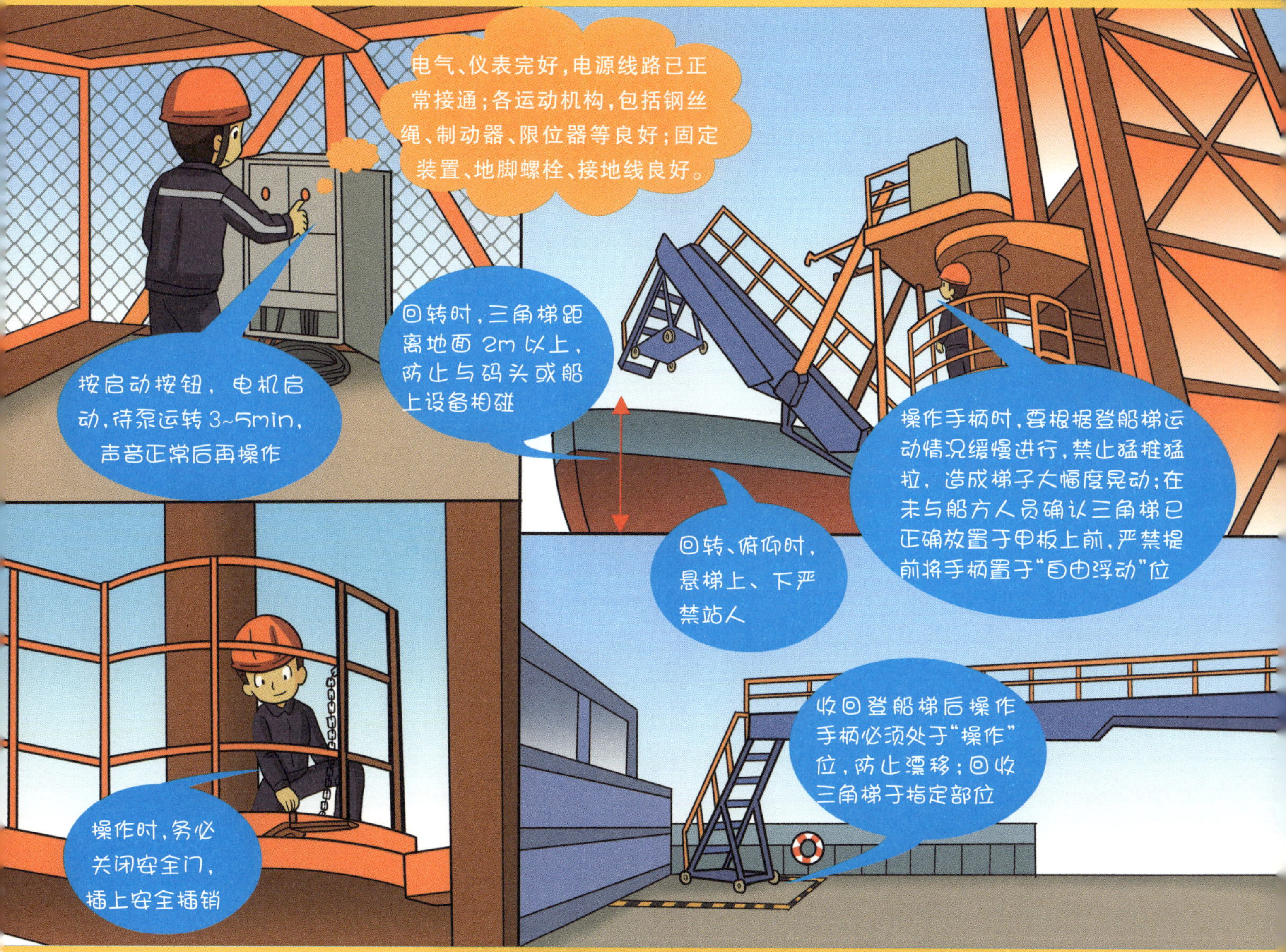

电气、仪表完好,电源线路已正常接通;各运动机构,包括钢丝绳、制动器、限位器等良好;固定装置、地脚螺栓、接地线良好。
按启动按钮,电机启动,待泵运转3~5min,声音正常后再操作
回转时,三角梯距离地面2m以上,防止与码头或船上设备相碰
操作手柄时,要根据登船梯运动情况缓慢进行,禁止猛推猛拉,造成梯子大幅度晃动;在未与船方人员确认三角梯已正确放置于甲板上前,严禁提前将手柄置于"自由浮动"位
回转、俯仰时,悬梯上、下严禁站人
操作时,务必关闭安全门,插上安全插销
收回登船梯后操作手柄必须处于"操作"位,防止漂移;回收三角梯于指定部位

Operation Instruction for
Key Risk Links of
Dangerous Goods Oil Depot

第二部分
危险货物罐区
重点作业环节风险指导手册

宁波大榭开发区交通港口局
大榭港区港口企业联合会
交通运输部水运科学研究院

人员基本配备要求

液化烃槽车监护人员

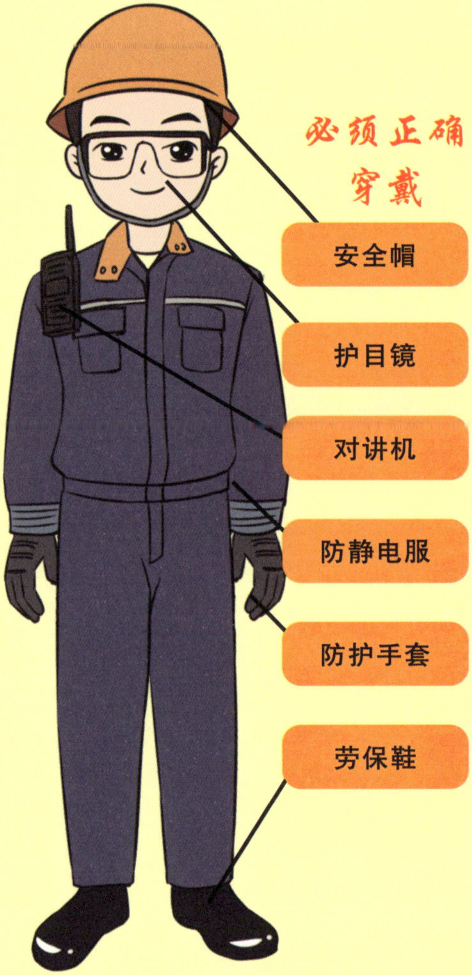

油品槽车监护人员

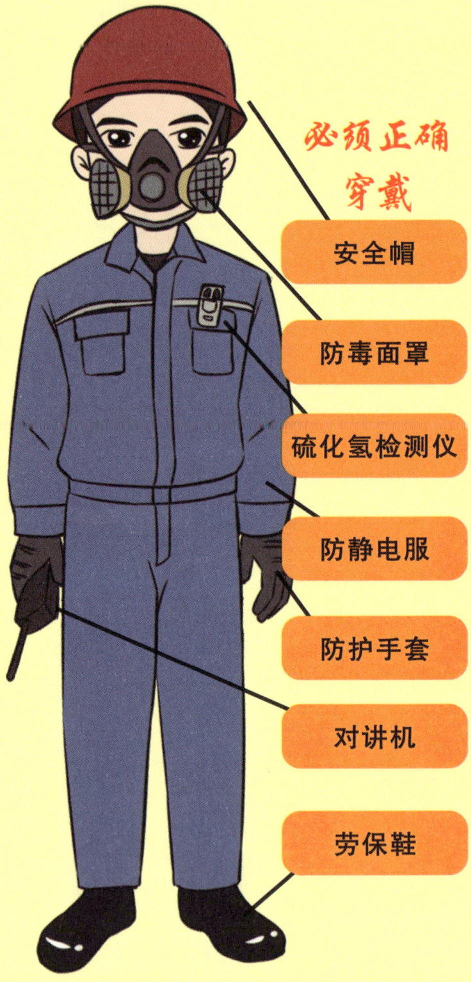

库区巡检人员

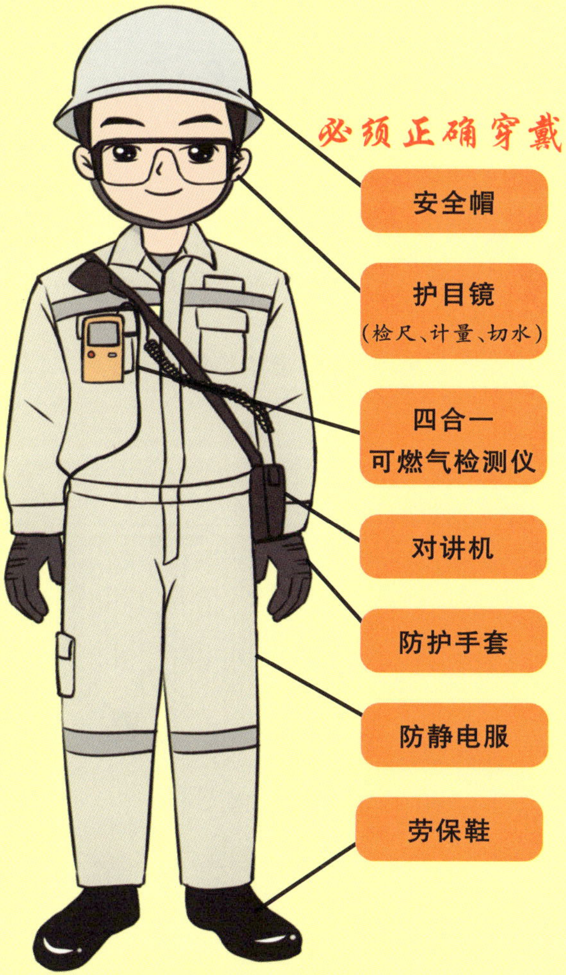

油品槽车司机

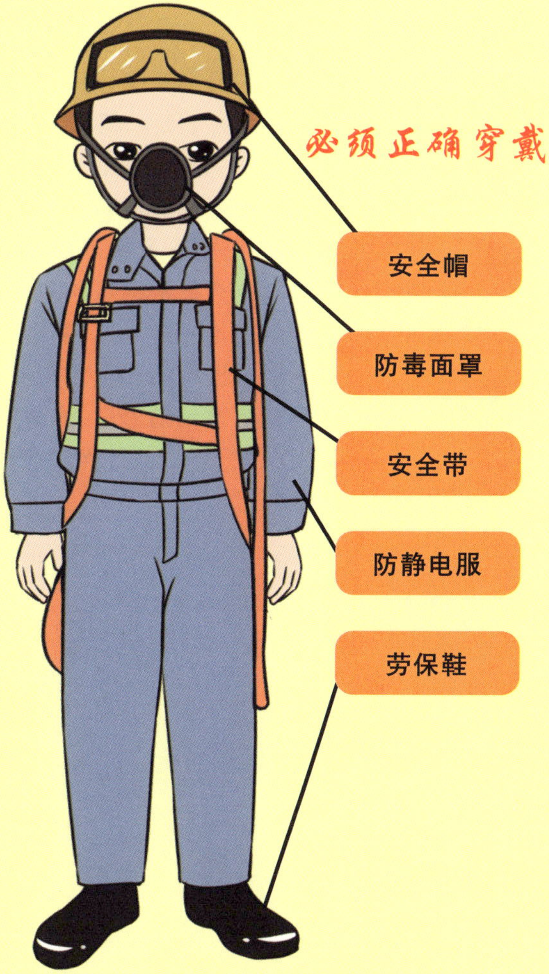

A 库区日常巡检

1. 巡检期间应按要求着装，严禁携带火种、易燃品、非防爆通信工具、非防爆电器入内；禁止佩戴钥匙链、首饰、戒指等金属饰品登罐作业；
2. 严禁使用化纤制品擦拭设备，严禁穿脱衣服、梳理头发和做与巡检工作无关的事；
3. 巡检过程中，必须先触摸静电消除装置，消除人体静电；
4. 必须遵守防火防爆十大禁令；
5. 罐顶滞留人数不得超过5人，同时上下储罐转梯不得超过3人；

防火防爆十大禁令

1. 严禁在厂内吸烟，严禁携带火种和易燃、易爆、有毒、易腐蚀物品入厂。
2. 严禁未按规定办理“动火作业许可证”，在厂内进行用火作业。
3. 严禁穿易产生静电的服装进入油气区工作。
4. 严禁穿带铁钉的鞋进入油气区及易燃、易爆装置。
5. 严禁用汽油、易挥发溶剂擦洗设备、衣物、工具及地面等。
6. 严禁未经批准的各种机动车辆进入生产装置、罐区及易燃易爆区。
7. 严禁就地排放易燃、易爆物料及危险化学品。
8. 严禁在油气区用黑色金属或易产生火花的工具敲打、撞击和作业。
9. 严禁堵塞消防通道，严禁随意挪用或损坏消防设施。
10. 严禁损坏厂内各类防爆设施。

6. 储罐区消防器材配备齐全，定期检查，不得任意挪用；储罐区严禁堆放杂物，及时清除杂草；
7. 外浮顶储罐浮盘起浮时禁止人员上罐，紧急情况需要上浮盘时，应携带气体检测仪、佩戴防毒面具，同时开具上罐票；
8. 巡检过程中，发现泄漏、松动、损坏、坠物、锈蚀等问题及时处理，并上报值班调度，问题严重的，应立即向上级主管经理汇报；

浮盘密封无泄漏
静电跨接要牢靠
消防器材定期检查
扶梯转动无损坏

发现问题
立即上报
滞留人数
不得超过5人
不得超过3人，
必须手握护栏

9. 在靠近山体、草丛处巡检时，应注意毒蛇、马蜂出没；中控室配备有急救药箱用于紧急处置；
10. 雨(雪)天巡检，应注意防滑，上下储罐必须手握护栏；泵棚、污水处理雨棚处瓷砖地面注意防滑；
11. 遇到雷雨、大风等恶劣天气，现场应暂停巡检；
12. 夏季高温天气巡检，应做好防暑降温工作；
13. 夜间巡检，应携带用防爆手电、防爆头灯。

夏季高温注意防暑

注意毒蛇、马蜂出没

恶劣天气暂停巡检

夜间使用防爆头灯或手电

B 库区卸船（进库）作业

1. 进库前，调度人员应计算好各罐进油量和置换量，运行班长复核调度令，现场人员与调度人员相互核对阀门状态；
2. 卸船初期，调度人员与码头调度人员及时沟通，共同做好自控系统监控，严格控制单罐卸油速度及总进油量，油品液位、温度应在规定的安全范围之内；
3. 卸船期间，运行人员应重点对油罐及其附件、管线、阀门、伴热线等设备进行巡检，发现泄漏、异常噪声、震动等情况应立即联系码头调度人员，通知油轮停泵，待排除异常后再行启泵卸船；

- 监控管线压力，严防压力超标
- 监控油罐液位变化，防止出现混油、串油事故
- 监控油罐、管线内油品温度，调整蒸汽伴热，防止出现凝罐、凝管事故

- 现场人员与调度相互核对阀门状态
- 确认油罐排污孔、人孔无泄漏
- 确认油罐、阀门无泄漏
- 确认浮船起浮正常，浮梯、导向柱运行正常
- 确认油罐到达要求液位

现场、调度、码头沟通渠道要畅通

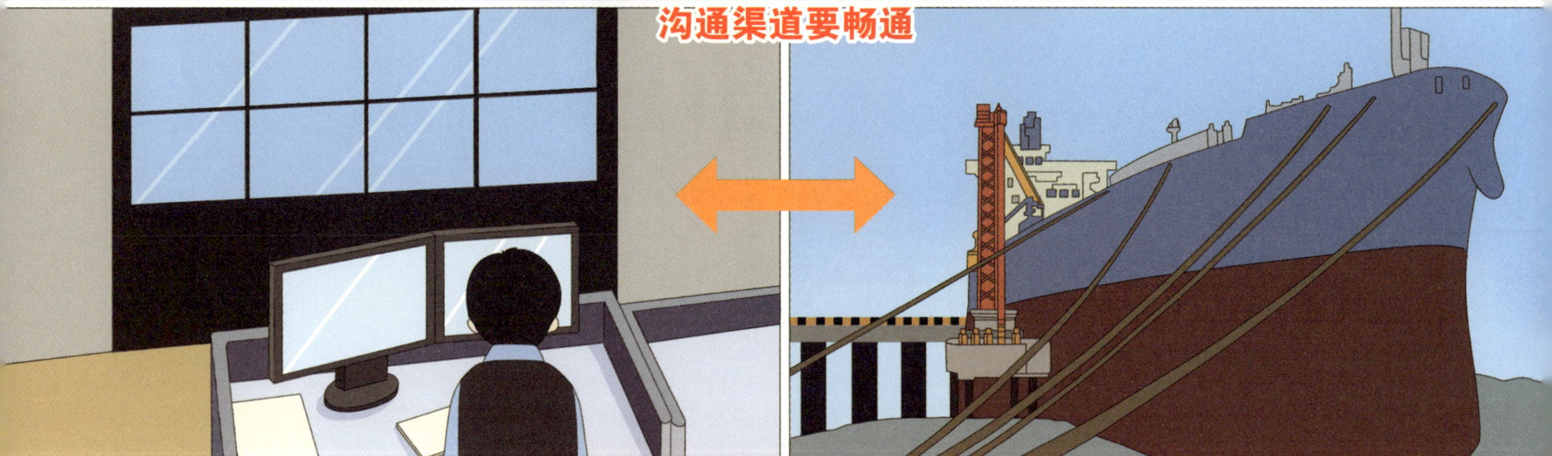

库区卸船（进库）作业

4. 现场操作人员和监控人员应关注进油储罐状况，防止发生油罐浮盘倾斜、油罐浮盘静电线缠绕断裂事故；
5. 冬季卸船或油品黏度较大时，要调整蒸汽伴热或循环管线，防止出现凝罐、凝管事故；
6. 作业过程中，保持与码头调度人员的联系，发现高液位报警，及时联系船方；
7. 存在置换和切换流程时，确定前后阀门操作顺序和时间，防止混油和管线憋压。

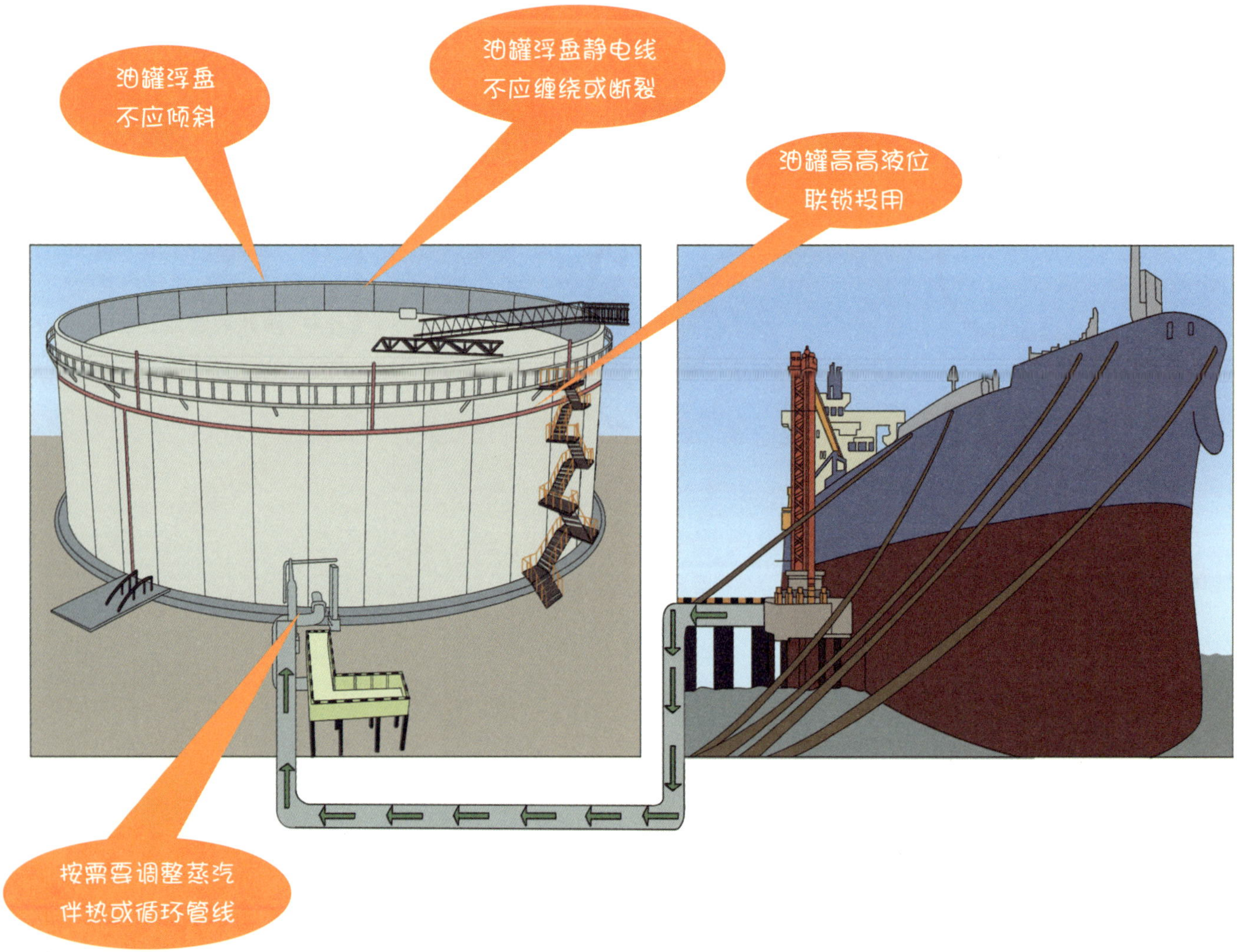

油罐浮盘
不应倾斜
油罐浮盘静电线
不应缠绕或断裂
油罐高高液位
联锁投用
按需要调整蒸汽
伴热或循环管线

库区装船（出库）作业

1. 出库前，应联系码头调度改通码头装船流程，双方确认流程畅通后，按调度令启泵装船；初始发油时，按照船方要求控制流量；发油正常后，按船方要求控制流速，但最大不超过工艺卡片规定流速；
2. 冬季根据管线温度及时活线；装过黏油后，及时循环管线，防止油品凝管；切换罐遵循先开后关的原则，或者停泵后再进行切换罐；装船期间运行人员应重点对油罐及其附件、管线、阀门、伴热线、机泵等设备进行巡检，发现泄漏、异常噪声、震动等情况应及时上报，排除异常；
3. 操作人员和监控人员应关注储罐顶，防止发生油罐浮盘倾斜、油罐浮盘静电线缠绕断裂事故；
4. 调度人员与码头调度人员实时沟通，在油船装完前15min，通知运行人员做好停泵准备，联系码头调度做好关阀准备；
5. 装船结束，确认码头阀门关闭后恢复泄压流程。

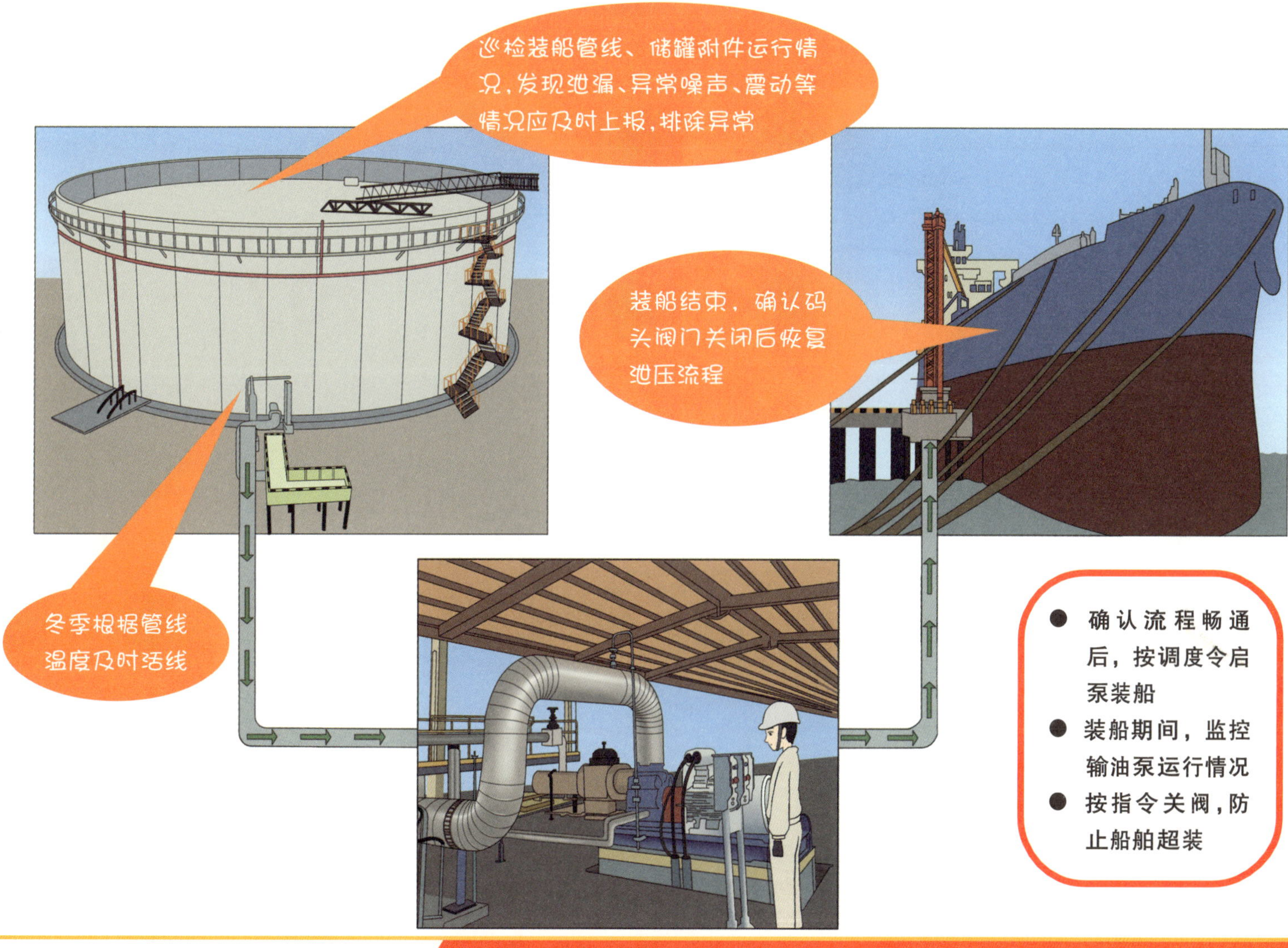

巡检装船管线、储罐附件运行情况，发现泄漏、异常噪声、震动等情况应及时上报，排除异常
装船结束，确认码头阀门关闭后恢复泄压流程
冬季根据管线温度及时活线

- 确认流程畅通后，按调度令启泵装船
- 装船期间，监控输油泵运行情况
- 按指令关阀，防止船舶超装

D 倒罐作业

1. 倒罐前，要详细了解倒罐目的、进出油罐号、管线、输油泵以及操作要求；运行班复核调度令，检查进出油罐的油温、油管线、伴热线和油罐及其附件；现场人员与调度人员相互核对阀门状态；
2. 倒罐作业过程中，运行人员必须在泵棚值班，并按时巡检油罐、管线、阀门、泵等设备的运行情况，发现异常立即停泵，待排除异常后再恢复作业；倒罐作业过程中，调度人员要控制泵排量或自压倒罐的流量，防止流速过快；现场操作人员和监控人员应关注进油储罐状况，液位每上升或下降 1m，运行人员必须上罐检查，防止发生油罐浮盘倾斜、油罐浮盘静电线缠绕断裂事故；
3. 冬季根据管线温度及时活线；高凝点、高黏度油品倒罐后，及时循环管线，防止油品凝管；
4. 倒罐完成后，应及时关闭作业流程，恢复管线泄压流程。

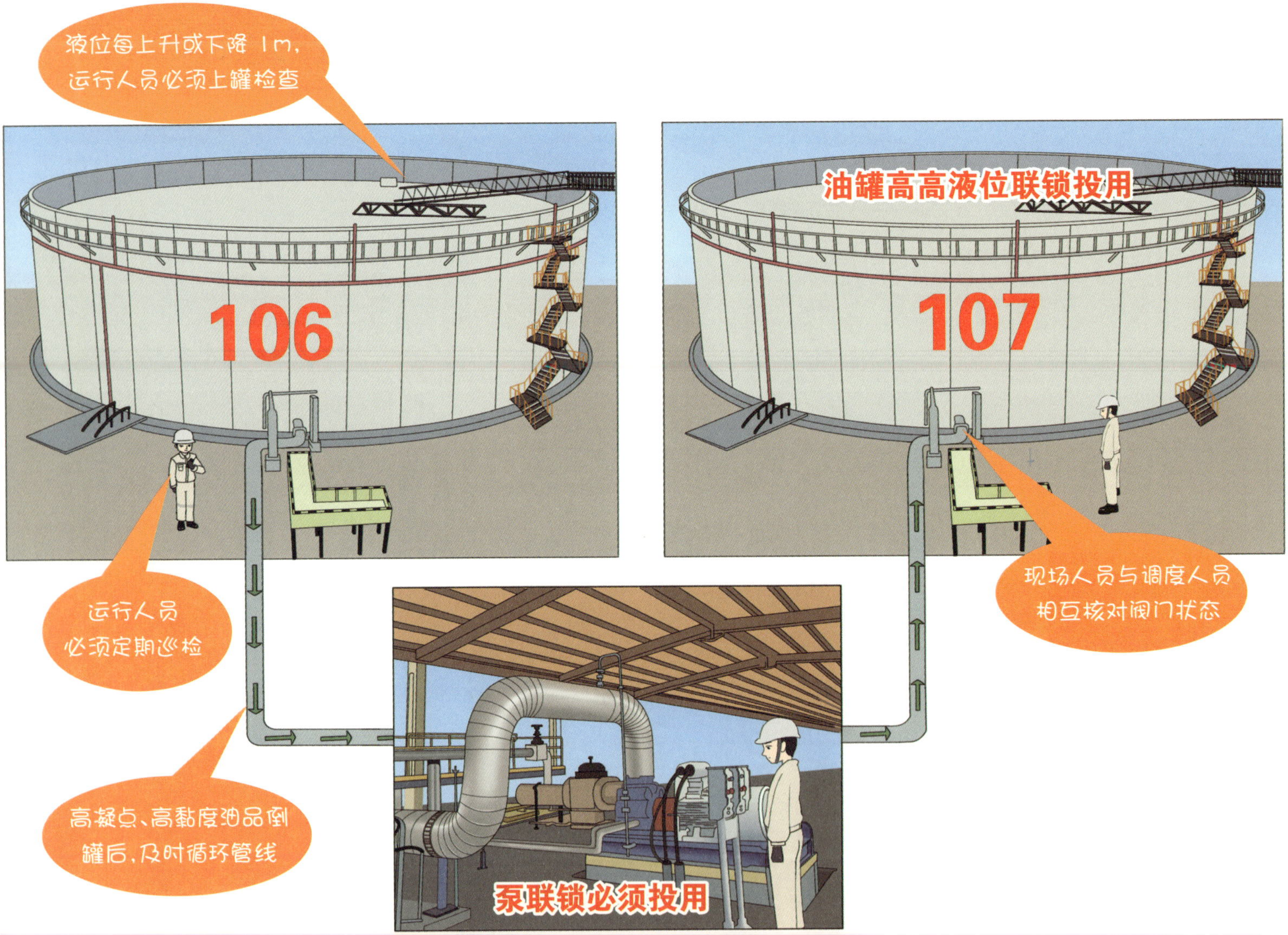

液位每上升或下降 1m，
运行人员必须上罐检查
106
油罐高高液位联锁投用
107
运行人员
必须定期巡检
现场人员与调度人员
相互核对阀门状态
高凝点、高黏度油品倒
罐后，及时循环管线
泵联锁必须投用

E 伴热作业

1. 加温前，调度和运行班应掌握储油罐内油品物性、油温、液位，运行人员检查蒸汽管线、压力表、储油罐加热盘管进出口阀门和疏水阀；
2. 检查回水流程时应先打开入库蒸汽总阀，再打开伴热罐蒸汽总阀，尽量避免阀门开度过快造成水击现象；
3. 凝结水出口见汽后，关闭回水管线底部排水阀，如有特殊情况需快速加温时，可打开旁通阀或打开回水管线底部排水阀；油罐加温过程中，运行人员每两小时检查一次加温情况，发现伴热管网漏气及时上报；发现回水管线底部排水阀排放的冷凝水带油立即关闭该组伴热，改投其他组伴热；严重时进行清罐、检修；有管线伴热时，打开低液位罐泄压，持续监测伴热管线压力；
4. 停止加温时，运行人员了解操作内容后，先关闭进汽阀，再关冷凝水回收阀。

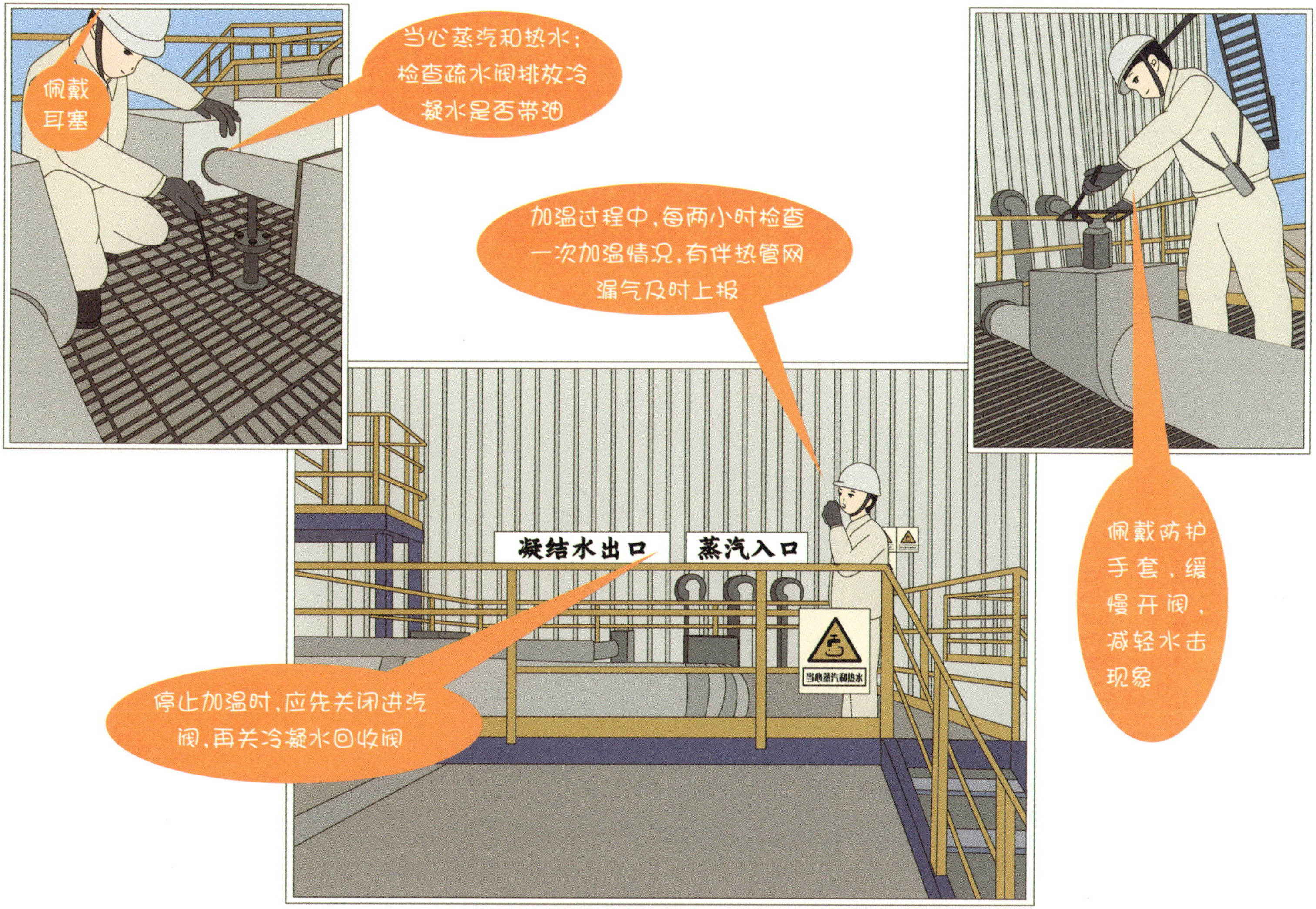

佩戴耳塞
当心蒸汽和热水；检查疏水阀排放冷凝水是否带油
加温过程中，每两小时检查一次加温情况，有伴热管网漏气及时上报
凝结水出口
蒸汽入口
当心蒸汽和热水
停止加温时，应先关闭进汽阀，再关冷凝水回收阀
佩戴防护手套，缓慢开阀，减轻水击现象

F 计量、测温与取样

1. 计量人员按要求着装，严禁携带手机、火柴、打火机等危险品及非防爆电子设备上罐；雷电、冰雹、暴风雨期间，禁止室外检尺、取样、测温操作；
2. 上罐前需触摸人体静电消除器，消除自身静电；
3. 上罐时应使用工具包携带器材，所用工具应装在背包内，上下储罐应双手攀扶护栏；
4. 需要带手电上罐时，应在上罐前把手电打开，下罐后再把手电关掉；
5. 人员应站在油孔、取样孔上风口位置；打开或关闭量油孔盖、取样孔盖的动作要轻，避免碰撞产生火花；

消除自身静电，
检测气体浓度

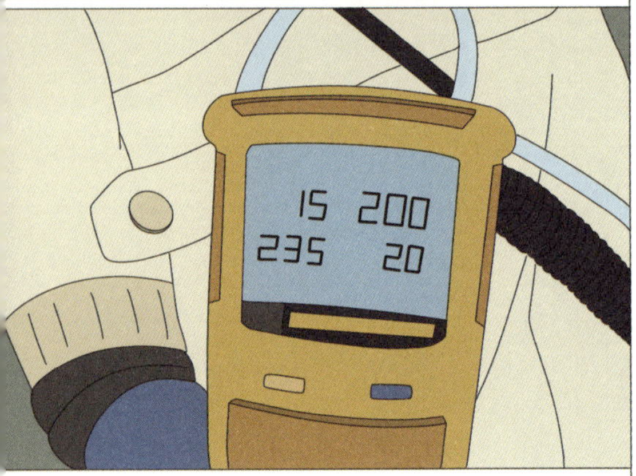
15 200
235 20

注意：取样绳要防静电，禁止使用化纤与塑料绳，以及不导电和易产生火花的材料。

人员应站在量油孔、
取样孔上风口位置
打开或关闭量油孔盖、取
样孔盖的动作要轻，避免
碰撞产生火花

6. 用量油尺进行测量时，在下尺和提尺操作期间，尺带应始终保持与检尺口的金属相接触，消除量油尺在检尺过程产生的静电；带有静电接地线的量油尺，检尺前必须将静电接地线连接到与罐壁相连的金属上；
7. 取样时应避免吸入石油蒸汽，戴耐油的防护手套；
8. 检尺时，下尺速度不得大于 1m/s，提尺速度不得大于 0.5m/s；
9. 检尺、取样结束后，将检尺口、取样口擦拭干净，保持罐顶清洁，严禁使用化纤布（丝）擦拭各种器具；
10. 管线采样应穿戴防毒面罩，硫化氢含量大的油品不取样。

● 尺带应始终保持与检尺口的金属相接触
● 带有静电接地线的量油尺、测温仪，操作前必须消静电
● 应缓慢下尺
● 取样时应避免吸入石油蒸汽，戴耐油的防护手套

检尺、取样结束后，将检尺口、取样口擦拭干净，保持罐顶清洁
严禁使用化纤布（丝）擦拭各种器具

G 机泵操作

1. 油泵作业人员必须持有效操作证件上岗操作，严格遵守安全规定和交接班制度，交接班做到“上不清下不接”；
2. 输油泵要落实“日检查”和“日保养”制度，使设备处于良好的技术状况；
3. 离心泵必须先锁停，再盘泵；确认离心泵齿轮箱油质和油位正常，泵进出口压力表应良好，联系相关岗位操作员到位后，方可给输油泵送电；
4. 螺杆泵应确认阀门、仪表、电器设备、远传自动化设备正常，泵盘车均匀灵活、无杂音；进口过滤器无渗漏，齿轮箱油位正常；

确认阀门、仪表、电器设备、远传自动化设备正常
104开关
电机加热器
确认仪表、电气正常，交接班做到“上不清下不接”
进口过滤器无渗漏；齿轮箱油位正常

5. 螺杆泵应先打开泵出口阀，再起泵，并报告调度人员；离心泵启泵时，应逐渐打开泵出口阀，保持压力稳定，并报告调度人员；离心泵启动后，在出口阀未开的情况下，不允许长时间运行(一般小于 2min)；
6. 严禁擦拭运转设备，发现异常现象和故障，正确、果断处理，并及时向主管经理报告；
7. 关泵出口阀时，应缓慢操作，使油品流速缓慢变化，停泵前先开泵旁通；
8. 作业完毕后，如输送的是高凝点、高黏度油品，必须将泵内油品置换成凝点和黏度低的油品；停泵后切断电源。

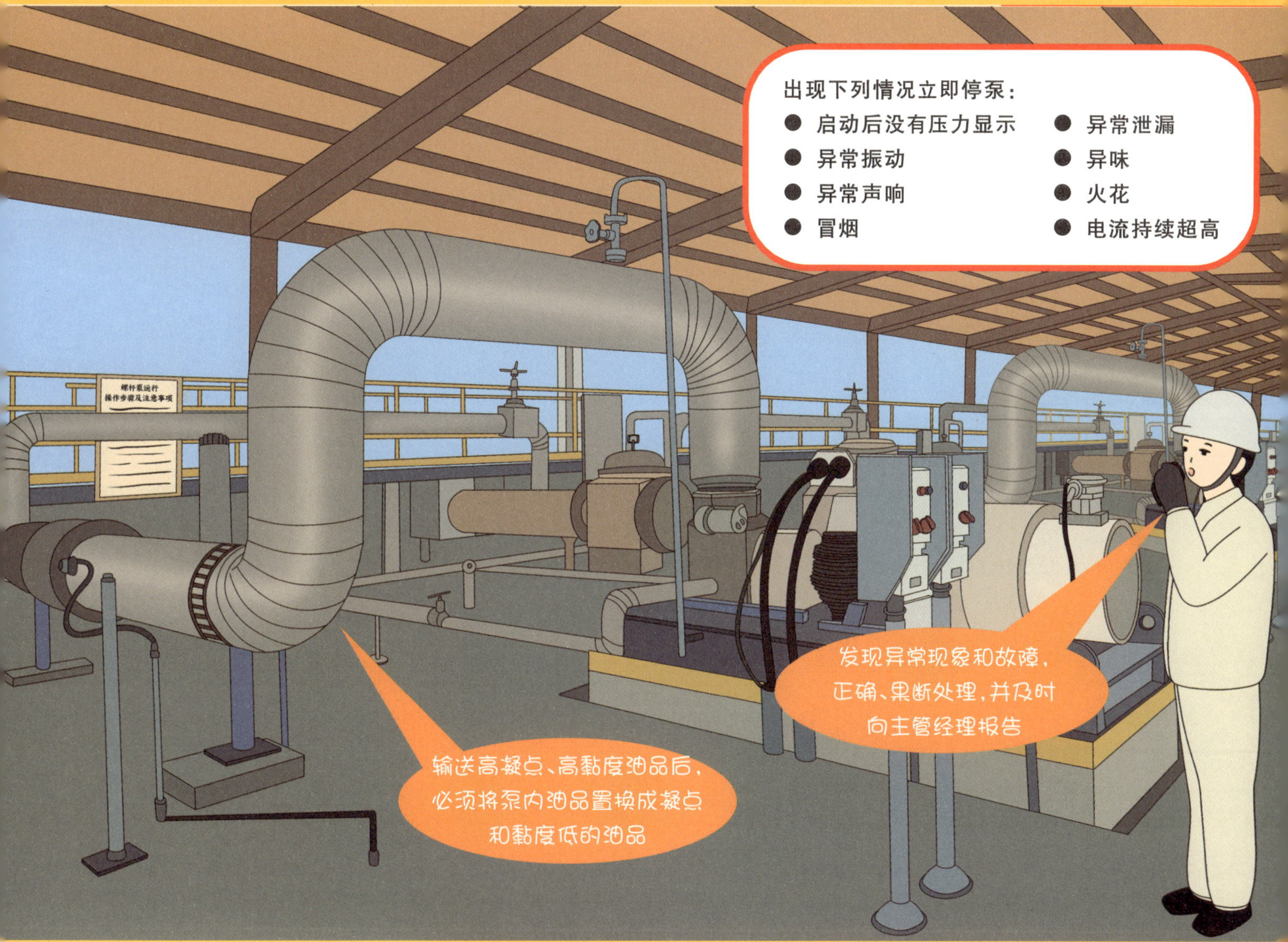
出现下列情况立即停泵：
● 启动后没有压力显示
● 异常振动
● 异常声响
● 冒烟
● 异常泄漏
● 异味
● 火花
● 电流持续超高
螺杆泵运行
操作步骤及注意事项
发现异常现象和故障，正确、果断处理，并及时向主管经理报告
输送高凝点、高黏度油品后，必须将泵内油品置换成凝点和黏度低的油品

H 清罐作业

1. 开工前，办理进入受限空间作业许可证，填写受限空间作业票；
2. 对储罐内气体进行充分置换，由安全管理人员对可燃气浓度进行监测；
3. 由作业单位、现场管理人员、安全管理人员确认现场环境、设备、人员个体防护设备等符合作业要求，落实现场各项安全防护措施；
4. 由现场管理人员确认，再由审批人员批准作业；
5. 人员进入受限空间，必须根据作业票内容，在专人监护下进入储罐内进行作业；
6. 作业结束，恢复现场设备，清理现场卫生，关闭受限空间作业许可证。

15 200
235 20
对储罐内气体进行充分置换，对可燃气浓度进行不间断监测
进入受限空间，必须根据作业票内容，在专人监护下进行
危险！
受限空间
未经许可
严禁入内
禁止入内
未经许可
严禁进入受限空间
许可证
许可证
许可证
许可证

1. 作业人员要求：应按要求穿戴 PPE，手机、打火机、火柴等违禁物品不得携带进入库区，检查人员告知司机库区安全管理规定、紧急撤离路线和限速要求；
2. 车辆和人员资质要求：1）车辆持有效行驶证和营运证；2）驾驶人、押运人员持有效资质证件；3）运输车辆、槽罐在检验合格有效期内；4）随车应携带道路运输危险货物安全卡、与充装介质一致的安全技术说明书和安全标签、事故专项应急预案；5）随车携带危险货物道路运输电子或者纸质运单，运单上的托运人、收货人、装货人、目的地、承运人、货物信息等与实际情况应一致；6）槽车信息已到交管部门备案，外省市驻甬经营累计 3 个月以上的槽车持《危险货物道路运输企业异地经营备案证明》；

危险化学品槽车装车
检查记录表

随车证件：

- 有效行驶证和营运证
- 驾驶人、押运人员持有效资质证件
- 运输车辆、槽罐在检验合格有效期内
- 道路运输危险货物安全卡、充装介质的安全技术说明书、事故专项应急预案
- 危险货物道路运输电子或者纸质运单

客户服务中心
Customer Service Cent
必须知晓紧急撤离路线和安全管理规定
危险货物道路运输单要与实际情况一致
宁波市危险化学品道路运输管理信息系统
车辆和人员必须持有有效证件

3. 检查车辆：

1）专用车辆与行驶证照片一致，灭火器完好；

2）车辆轮胎、尾气排放管、防火罩、警示灯、标志牌、GPS 及视频监控（省内）等应符合要求；

3）油罐要确认车尾阀关闭；

4）油罐车司机确认槽车前、后罐顶罐盖关闭，密封无泄漏；

车载干粉灭火器两只，
且有效、完好、取用方便
车辆标志灯
牢固完好
油罐车尾阀
关闭并紧扣
防火罩
连接牢固
轮胎纹路无磨平，
未露钢丝，无破损

4. 检查槽罐：1）罐体外观应无异常变形；2）充装的介质应与铭牌和使用登记资料、罐体涂装标志、道路运输证内记载货种一致；3）安全阀、压力表、温度计、液位计、紧急切断阀、导静电连接线等安全附件齐全、工作状态正常，并且在校验有效期内；4）槽罐各密封面的密封状态应当完好无泄漏；5）罐体与走行装置的连接应当完好、可靠；6）压力、温度、充装量应当符合要求，罐内余压大于 0.05Mpa；
5. 首次充装投入使用并且有置换要求的液化烃槽车，应当有置换合格报告或者证明文件，槽车内部氧(O_2)含量小于 3%VOL。

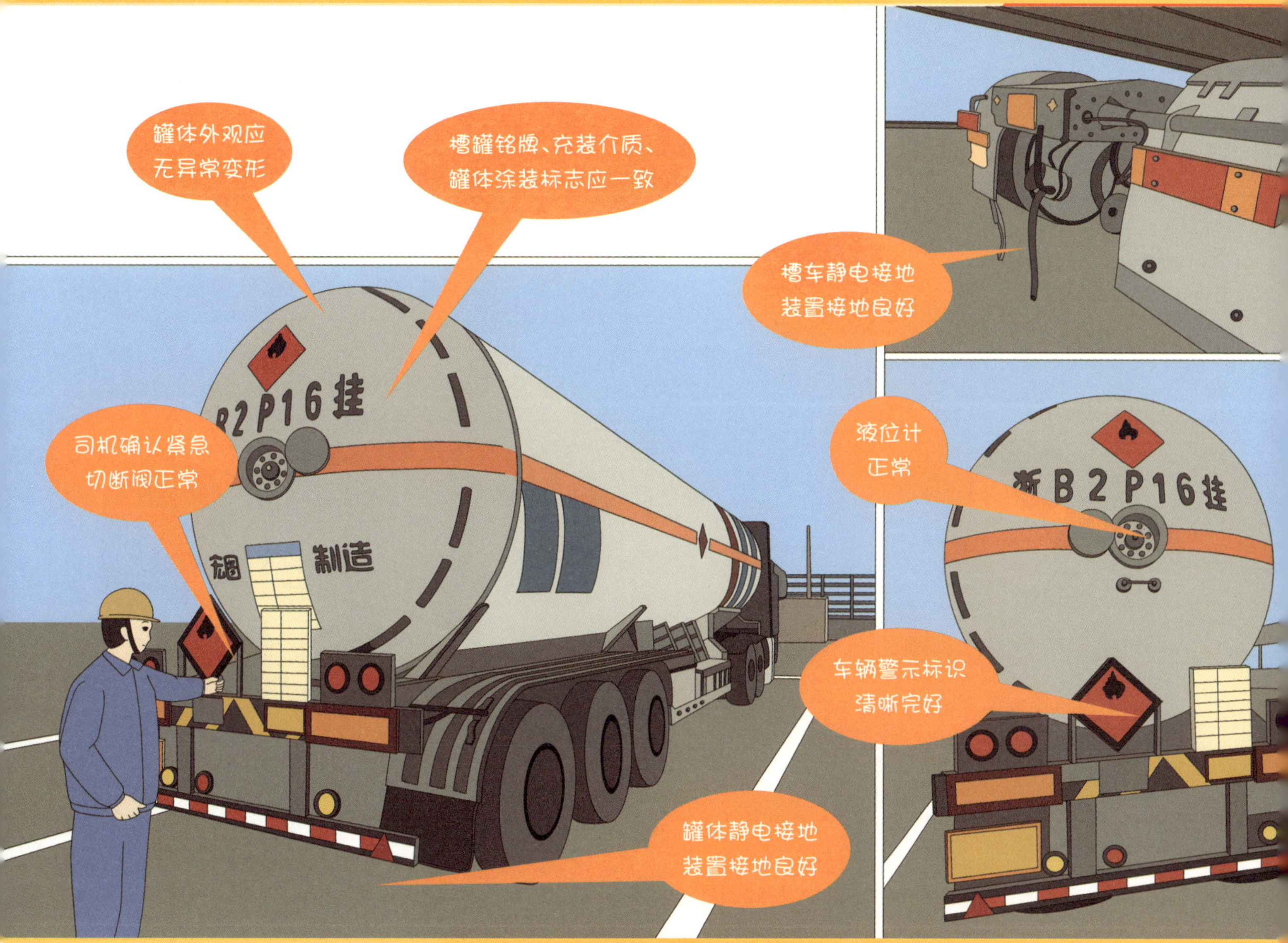
罐体外观应
无异常变形
槽罐铭牌、充装介质、
罐体涂装标志应一致
槽车静电接地
装置接地良好
司机确认紧急
切断阀正常
液位计
正常
车辆警示标识
清晰完好
罐体静电接地
装置接地良好
B2P16挂
浙B2P16挂
制造

J 开充装单

1. 复核槽车相关证件；
2. 控制 6 轴液化烃槽车充装后的总重量小于 49t；
3. 控制实际充装量不能超过槽罐最大允许充装量；
4. 充装介质与使用登记证上的介质必须一致。

复核槽车
相关证件
不能超过槽罐
最大允许充装量
6 轴槽车充装后的
总重量小于 49t

K 槽车进出地磅

1. 地磅称重，设置限速标志、限速带，设置防滑带、防护栏杆，告知驾驶员库区最大行驶车速；
2. 充装后过地磅：核实充装介质、实际充装量；
3. 将充装时间、充装人员、充装介质、充装量等相关信息输入“移动式压力容器公共信息服务平台”和“宁波市危险化学品道路运输管理信息系统”。

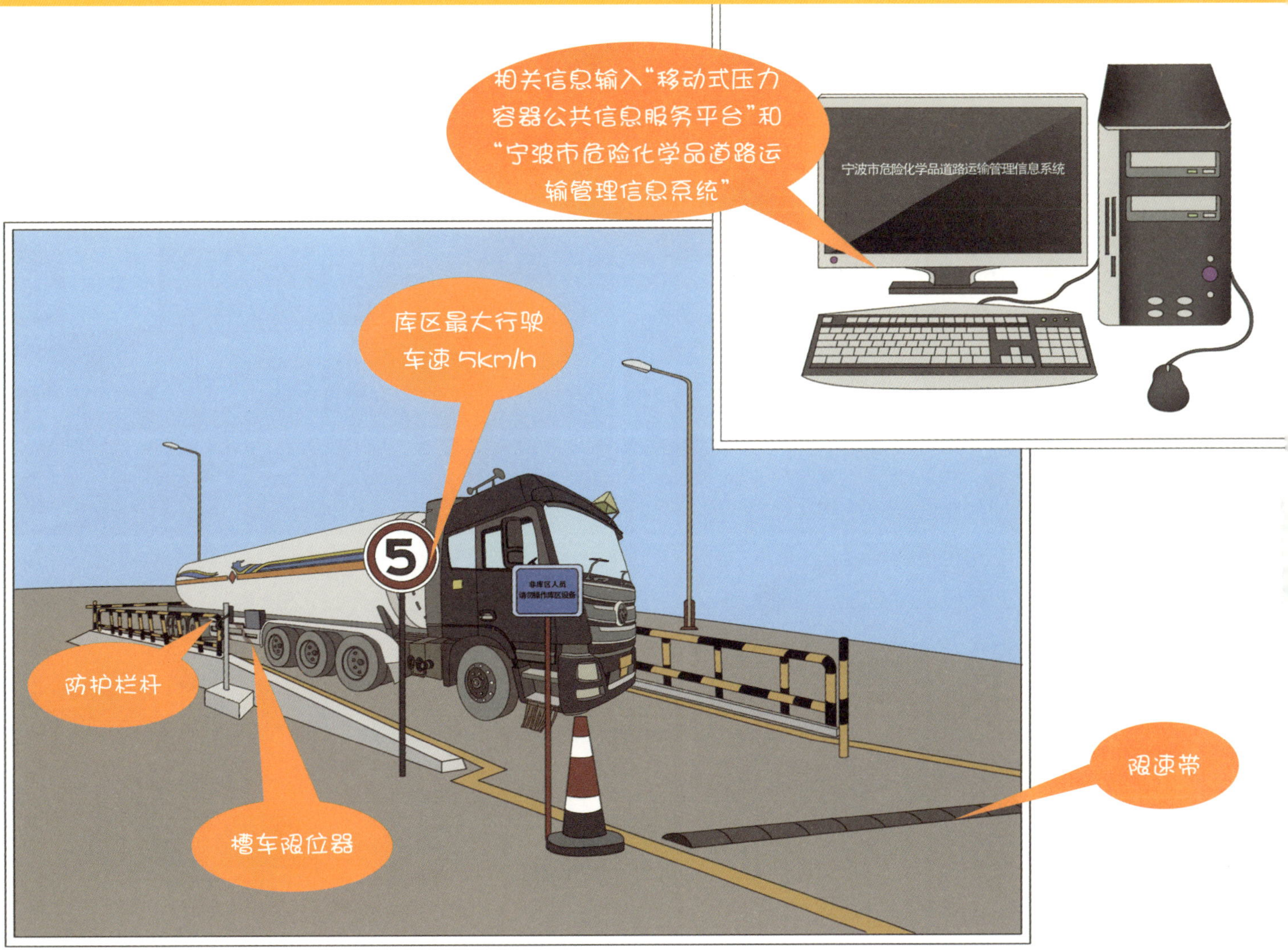

液化烃槽车充装

充装前准备：

1. 槽车停止就位：1）确认槽车已熄火，手刹拉上，车门已经锁死，车门钥匙已收管；2）在槽车轮胎两侧放置垫木，垫木不要贴近车辆轮胎；3）警示牌置于车辆正前方；确认人体静电已消除；
2. 复核充装信息：1）复核罐体实际充装量；2）确认槽车已称重，核对《装载量通知单》上的车号、装车鹤位、介质应对应相符；
3. 充装前测试检查：1）测试紧急切断阀；2）连接接地线；3）确认紧急切断阀和卡扣状态；

槽车熄火，手刹拉上，车门锁死，钥匙收管，警示牌置于车前
10
正在充装
严禁启动
槽车司机测试
紧急切断阀
垫木不要贴近
车辆轮胎
确认紧急切断阀
和卡扣状态

4. 复查槽罐：1）检查确认槽车气／液相球阀无泄漏；2）检查并记录槽罐压力、温度及允许充装量；3）检查并记录装车管线气／液相压力；
5. 接充装臂：连接气／液相装车臂前确认紧急切断阀处于关闭状态，卡好卡扣后试着拉一下，确认卡牢；
6. 充装臂空气排除：做好空气排除，检查确认罐内是否含水、罐内介质是否正常、快速接头连接处无泄漏；
7. 刷卡充装：充装刷卡前确认装车臂气／液相放空阀、槽车取样阀关闭；刷卡后再次确认装载数据。

液化烃槽车充装

装卸管理人员
复查槽罐并记录
连接接地线
卡扣必须彻底卡牢
排除充装臂空气
刷卡后再次
确认装载数据

液化烃槽车充装

充装过程中：

1. 人员监护：装卸人员不得离开现场，对现场设备进行检查监护；槽车司机不得离开现场，站在车尾随时准备关闭紧急切断阀；
2. 检查监护：丙烷、液化烃充装时压力小于1500kPa，丁烷压力小于700kPa，丙烯压力小于1900kPa；装车管线压力、温度、流速无异常；罐体及充装管线有无泄漏；
3. 禁止作业事项：雷击、暴雨、大风等恶劣天气不得充装；附近有明火、动火作业等存在点火源时不得充装；作业现场存在液化烃泄漏；
4. 夜间作业现场照明亮度要充足，装卸人员保持良好工作状态。

槽车司机随时
准备关闭紧急切断阀
装卸人员要对槽罐、充装臂、
充装管线进行检查监护

雷击、暴雨、大风等恶劣天气不得充装

附近有明火、动火作业等存在点火源时不得充装

作业现场存在液化烃泄漏

液化烃槽车充装

充装完毕后：

1. 拆臂前：1）关闭槽车紧急切断阀，槽车与装车臂气/液相手阀关闭；2）充装臂手阀与槽车手阀之间的残余气/液排放干净；3）前打开槽车气/液相取样阀，保证装车臂快速接头连接处无压；
2. 拆臂后：记录槽车温度、压力，确认无超装，充装臂拆除后断开接地线；
3. 充装臂拆除后，移走垫木及警示牌，交还钥匙。

槽车司机关闭紧急切断阀
残余气/液排放干净，充装臂拆除后断开接地线，充装臂归位
记录槽车温度、压力，不得超装
完毕后，移走垫木及警示牌，交还钥匙

M 油品槽车充装

1. 槽车停止就位：1）确认槽车已熄火，手刹拉上；2）在槽车轮胎两侧放置垫木，并且垫木不要贴近车辆轮胎；3）确认人体静电已消除；
2. 重装前复核检查充装信息：1）确认槽车车号、装车鹤位、介质对应；2）检查确认槽车罐体、阀门无泄漏；3）连接接地线；

连接接地线
确认人体静电已消除
在槽车轮胎两侧放置垫木，垫木不要贴近车辆轮胎
按标线方向和位置停车后，确认槽车已熄火，手刹拉上

3. 槽车司机上罐必须系安全带，佩戴好防毒面具；连接接地线，上缴钥匙、重装单和装车安全检查表；
4. 逐个车型测量确认，所有罐车鹤管距罐底小于 20cm，装车人员确认鹤管插入罐车后，开启装油阀；

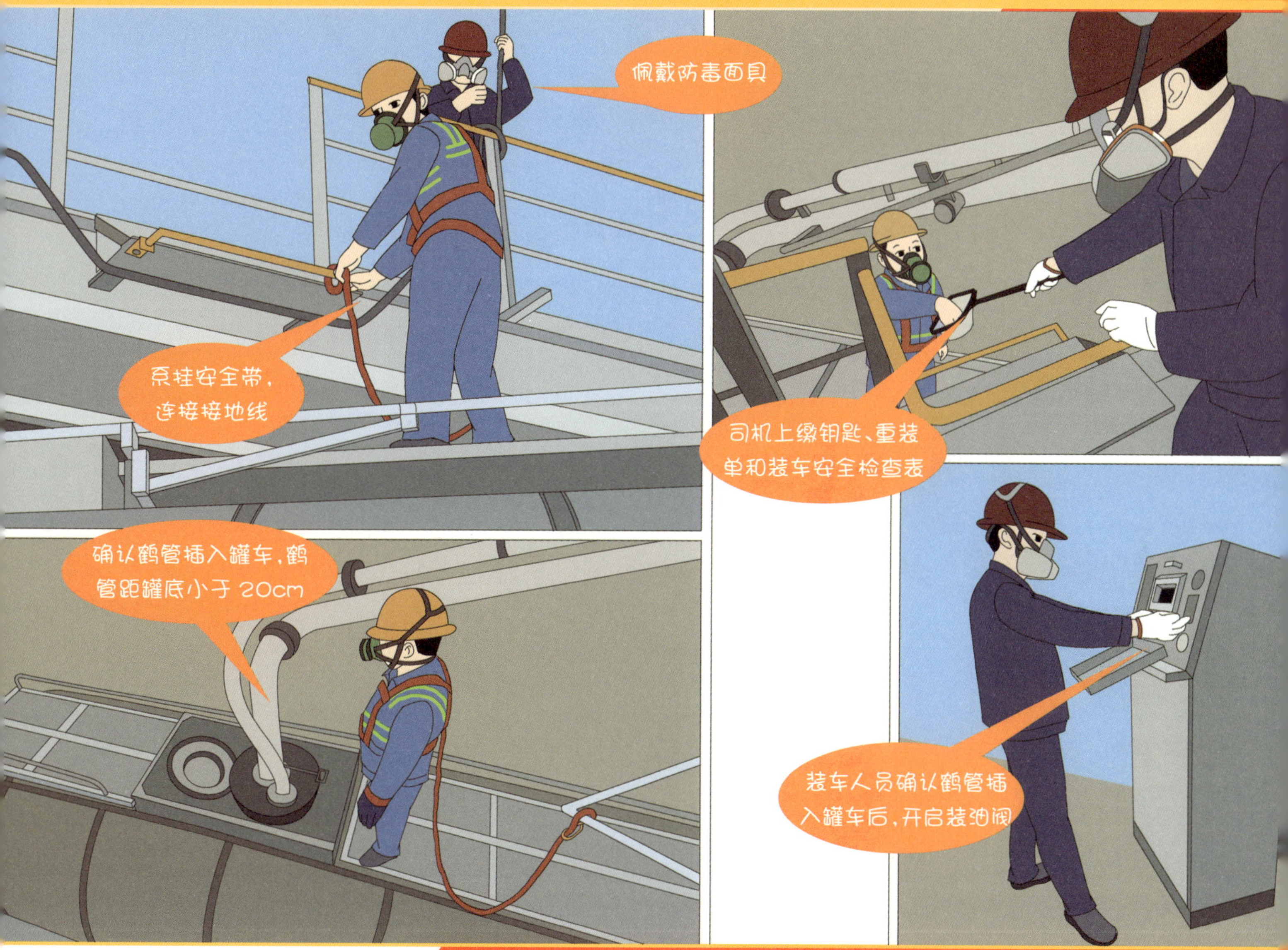
佩戴防毒面具
系挂安全带，
连接接地线
司机上缴钥匙、重装
单和装车安全检查表
确认鹤管插入罐车，鹤
管距罐底小于 20cm
装车人员确认鹤管插
入罐车后，开启装油阀

M 油品槽车充装

5. 装车过程中：严格安全操作规程，先开旁通，再起泵；装卸人员不得离开现场，对现场管线、鹤管进行检查监护；槽车司机不得离开现场；发现可燃气、硫化氢监测仪报警，及时停泵检查；
6. 夜间作业现场照明亮度要充足，装卸人员保持良好工作状态；
7. 装车完毕后：确认无超装；断开接地线，交还钥匙，移走垫木；
8. 油品或吸收装置泄漏的碱液溅射人体后，迅速到洗眼器处进行处置。

装车完毕后，
锁闭罐盖
断开接地线，交还
钥匙，移走垫木
监测仪报警，
立即停泵检查
槽车司机不得
离开现场
油品或碱液溅射人体后，
迅速到洗眼器处冲洗

槽车离库

1. 驾驶员刷卡录入充装信息；
2. 复核充装介质、实际充装量；
3. 将槽车充装数据录入信息系统；
4. 槽车离库后，必须由槽车司机下车将防火罩(阻火器)打开。

司机刷卡
确认充装信息
装车作业安全检查表
装车作业安全检查
表交回存档
离库前
过磅称量
离库后，司机下车，
打开防火罩

Operation Instructions of
Key Risk Management of
Container Terminals

Container Terminals

第三部分
集装箱码头
重点作业环节风险指导手册

宁波大榭开发区交通港口局
大榭港区港口企业联合会
交通运输部水运科学研究院

基本配备要求

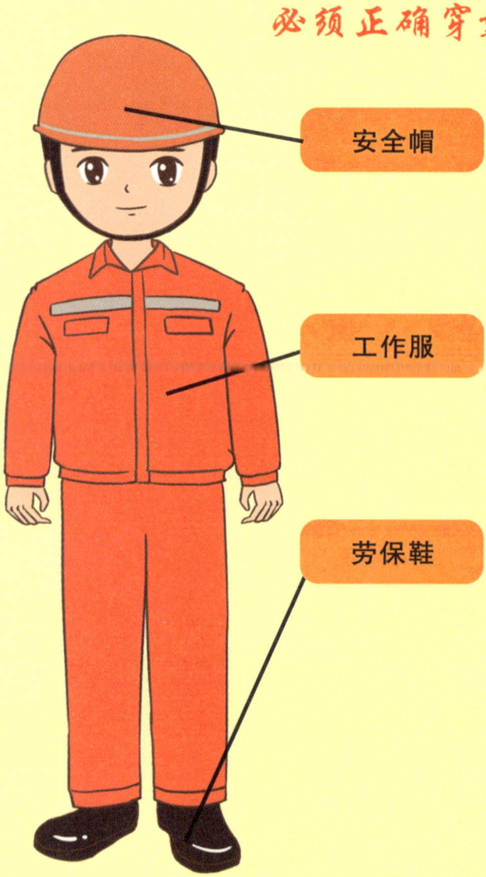

管理人员要求

系解缆作业要求

登轮爬高手

龙门吊司机

登轮指挥手

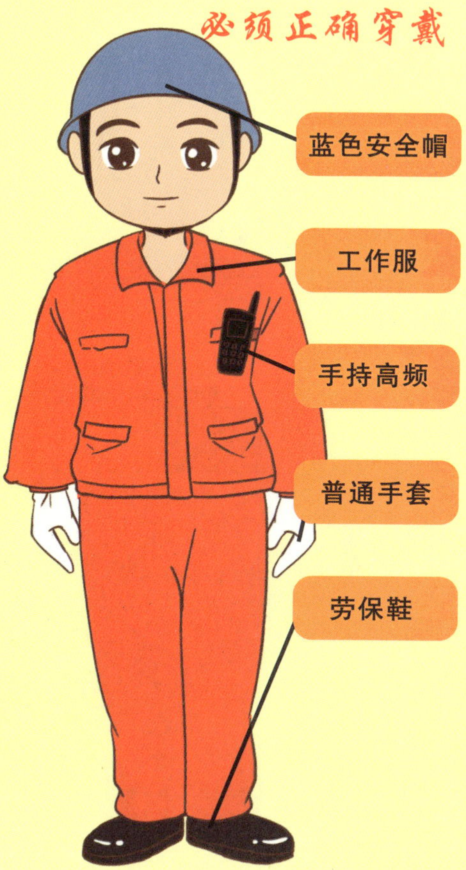

A 靠泊作业

1. 开靠船时，岸桥不得停于首尾带缆区，船身中间的岸桥与船舶驾驶台保持安全距离；
2. 开靠船时，岸桥前大梁俯仰均应起升 90° ，防止与船舶发生碰撞，同时保持活车状态；
3. 岸上指挥、岸桥司机与公共频道保持一致，遇情况随时沟通。

船身中间的岸桥与
船舶驾驶台保持
5m 以上安全距离
5m
岸桥前大梁俯仰均应
起升 90°，防止与
船舶发生碰撞
叉车将缆绳拖拉
至打缆缆桩
岸上指挥、岸桥司机与
公共频道保持一致
叉车配合
缆绳作业

1. 船舶未靠稳，严禁摆放跳板；
2. 安全网铺设分两种：跳板下平铺时，安全网在跳板下左右延伸 1.5m 以上（针对无旋梯直接搭船上的船舶）；旋梯与跳板连接后包裹的方式；
3. 安全网未按以上标准铺设，严禁人员上下；

船上跳板固定好，护栏、扶手常检查，冬季跳板上发现结冰要清除
安全网在跳板下左右延伸 1.5m 以上
1.5m
1.5m
安全网要固定好，才能有效防护人员坠海
人员上下船之前，必须先要先铺设安全网

B 登轮作业

4. 码头人员与船员必须同时在旋梯口，待船员达到舷梯口后码头人员将跳板一端递送给船员；
5. 船员将跳板与舷梯固定，码头人员将跳板码头面一端与系缆环固定；
6. 安全网未铺设完毕，严禁人员上下舷梯；

护栏、扶手常检查，冬季跳板上发现结冰或积雪要及时清除，才能保障人员安全上下船
安全网要将舷梯通道全部兜住，梯口处向外延伸 1.5m 以上
1.5m
跳板、安全网须固定好

7. 严禁5人以上人员同时上下旋梯；
8. 上下旋梯必须做到手握旋梯扶手、脚踏实，逐档上下；
9. 不得携带与工作无关的物品，同时管控好自身携带的物品，提醒他人注意避让。

手握旋梯扶手，脚踏实，按档上下；随身物品整理好，避免刮碰到舷梯、安全网或其他人员
梯口未悬挂限定人数标志牌的船舶，上下船时，同时不得超过5人
跳板网铺设完毕，可以开始安全登轮

B 登轮作业

乘坐载人空箱上下，避免吊具晃动导致摔倒，甚至甩出、坠落。

1. 手抓(载人空箱侧边手把)牢，脚踏实，挂好安全带；
2. 开锁杆水平放置在载人空箱内。

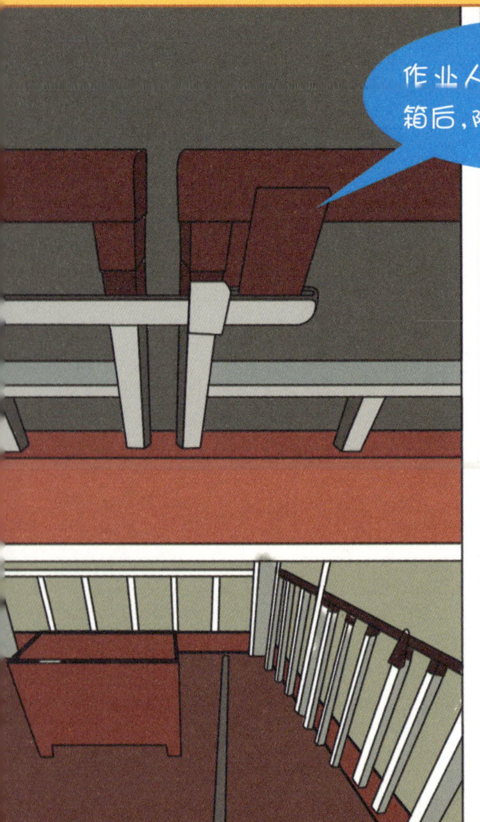
作业人员进入载人空箱后，随手关闭安全门
开锁杆水平放置在载人空箱内

防坠器
爬高手将防坠器与安全带连接。作业过程中，手抓牢，脚踏实

1. 码头面作业时，除特殊情况外，任何人员、设备不得在桥吊警戒线内活动、逗留；
2. 作业区域应有人员监护，非作业人员不得进入该区域；
3. 作业人员应正确站位、不得在集卡车道上随意走动；
4. 监护人员和作业人员应正确穿戴防护用品、关注作业环境；
5. 吊装时，人员和集卡避让关路，避免零部件及机件坠落，砸到下方设备、人员，导致设备损坏、人员受伤。

C 码头面作业

1.5m
1.5m
人员、设备不得在1.5m桥吊警戒线内活动、逗留

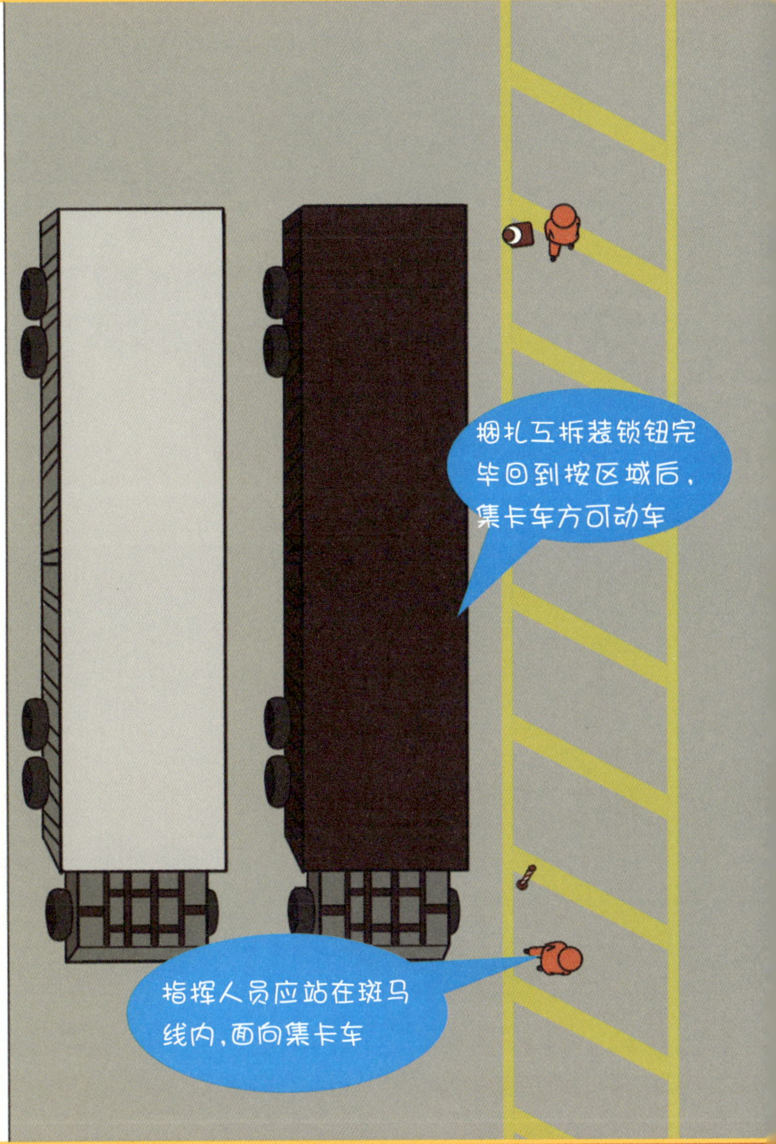

捆扎互拆装锁钮完毕回到按区域后，集卡车方可动车
指挥人员应站在斑马线内，面向集卡车

D 铲锁箱作业

1. 叉车双齿分开，离开托板后，方可起步；
2. 叉车进入作业车道，观察周围过往和人员动态；
3. 锁箱离地面保持 15~20cm 以上安全高度；
4. 集卡必须停车熄火后，叉车方可作业。

叉车收放锁箱时，
集卡严禁动车
叉车进入作业车道，
密切关注周围作业
环境，将锁箱放置黄
色斑马线内
叉车运行过程中，
锁箱离地面保持
15~20cm 以上
安全高度

E 船上作业

1. 无特殊情况，船上作业人员不得进入非工作区域活动；
2. 进入作业区时，要检查作业区域的安全环境，穿戴好个体防护用品；
3. 人员在船上活动时，严禁倚靠栏杆；
4. 临深舱、临海测、临无护栏或低护栏作业时，人员作业过程中，做好相互配合，抓牢拉杆、使用安全带，并“生根”于牢固处；
5. 原则上不得擅自进入舱沿区域，特殊情况下，要落实防护措施；

绑扎时，两两一组
相互监护
关路下方人员
做好 3 列外避让
海侧一列、陆侧
一列、逐层解锁
1 2 3
海、陆侧解绑，
落实两两监护
安全带必须要“生根”
于牢固处，避免坠舱
贝位加固时，
手抓牢，脚踏实

E 船上作业

6. 人员进舱前进行安全检查，上下直梯人员随手关闭直梯盖板，防止人员踩空导致摔倒或坠落；
7. 人员进出船舱、上下排架时要做到“脚踏实，手抓牢，手脚保证三点接触”；
8. 同贝位进行的装卸、绑扎作业，应保持水平 3 列以上距离，且人员应在安全位置；
9. 舱面着箱时要稳、慢、准，切勿急躁、鲁莽操作；
10. 海、陆侧绑扎、解绑时，必须落实两两监护；
11. 人员作业过程中，做好相互配合，抓牢加固杆；

做到手抓牢、脚踏实；舱口通道盖板妥善挂钩
盖板必须要求关闭，防止人员踩空导致摔倒或坠落
活动护栏（链条）必须做有效固定，防止人员坠落

12. 吊具进出舱口时，岸桥司机必须观察吊具导板是否收起，避免导板与舱口及附属设施刮擦，导致导板、舱口受损；
13. 必须得到明确指令后方可作业，指令不清或者情况不明，必须停止作业，问明情况后方可作业，避免吊具或集装箱与舱口及附属设施刮擦，导致箱损、船损；
14. 吊具必须在离吊装集装箱 20~50cm 停住；
15. 第一吊时，与指挥手确认导槽及舱内情况，并谨慎慢速操作；
16. 船上跨箱作业时要观察作业环境，吊具起升到安全高度，避免与舱面集装箱发生碰撞，导致箱货损、设备设施受损，甚至人员受伤。

作业人员站位安全、
穿戴好防护用品
观察吊具导板是否收起，关路下是否有人

岸桥司机必须得到
明确指令后方可作业，
做好"两次停钩"
必须在 20~50cm
停住

F 桥吊大车行走

1. 行走大车前落实检查；
2. 防风锚定拉杆装置、铁鞋应解除到位，防风拉杆收起，防止岸桥行走时设备受损，甚至脱轨；
3. 移动岸桥前，清除码头上障碍物，确保无异物阻碍行车路线；

检查跳板与行走桥吊是否发生钩挂
岸桥行车路线上不得有异物阻碍

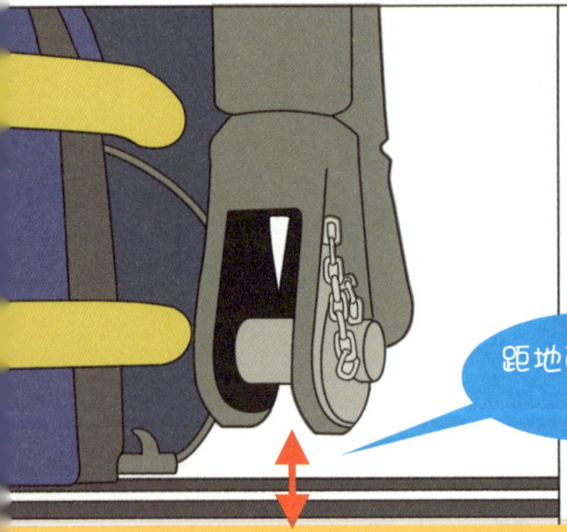

距地面10cm以上

铁鞋按规定放好

确认锚定插销插好、到位

4. 上下斜梯过程中手要抓紧扶手、脚踏实，避免摔倒、坠落；不能与携带重物的人员同时上下斜梯；
5. 码头面指挥站于岸桥行车路线前方，观察海测和路侧动态，发现问题立即处置；
6. 在移动、行走过程中前大梁与船舶设施可能发生刮擦，导致船损、机损；
7. 岸桥移动、警示灯亮时，严禁人员上下岸桥梯口；
8. 岸桥停止后，人员上下斜梯过程中手要抓紧扶手、脚踏稳，防止摔倒、坠落，随身物品封严、扎稳。

F 桥吊大车行走

小车位于后横梁处
司机确认桥面手、桥面副手到位
根据不同船型，结合实际情况，及时收放大梁
脚踏实，手抓牢
CMICT
警示灯亮，岸桥移动，此时严禁上下岸桥
桥面副手陆侧监护，并检查轨道
桥面手到位，并检查轨道

G 桥吊装卸作业

1. 开舱作业时，指挥手负责检查整理好舱盖板上的加固杆、锁头、法兰等捆扎工具，检查确认安全的前提下，方能指挥开舱作业；
2. 关舱作业时，桥面手负责对舱盖板上面的部件进行再一次检查确认，在保证安全后，指挥桥吊司机关舱；

开舱前，人员选择安全站位，防止因舱盖板晃动受到伤害
开舱前，做好两两监护
码头面设置警示标识
开、关舱前，整理甲板活动部件，防止吊装过程掉落

3.岸侧人员提前放置警示标识，确保关路关下无人员、车辆停留或经过；
4.吊装时，人员避让关路，防止活动件坠落，砸到下方人员，导致受伤；

注意配电箱、消防栓、桥吊等岸边设施
时刻关注吊具运行轨迹，避让关路
开、关舱时，码头面封闭作业车道，禁止过往车辆通行；作业期间，关路下应无人和车辆

G 桥吊装卸作业

5. 加强对作业环境的检查，如护栏、导板，发现异常及时处置，收起导板，避免与舱口及附属设施刮擦，导致导板、舱口受损；
6. 避免吊具或集装箱与舱口及附属设施刮擦，导致箱损、船损；

注意吊具、箱体与护栏距离保证安全
加强对作业环境的检查，如护栏、导板，发现异常及时处置
进出舱口时严格执行“两次停钩”(20~50cm)

7. 集卡车辆起步前，观察吊具起升的安全高度，1m 左右，方可起步；
8. 车辆起步前，观察人员的安全站位；
9. 桥面手摘锁完毕后，站在驾驶室前左侧位置；桥面副手摘锁完毕后，站在托板右后方黄色斑马线内。

G 桥吊装卸作业

1m

司机停车，对准指挥杆。车辆起步前，密切关注人员站位和吊具的安全高度
装、卸时，桥面手、桥面副手，按要求装、卸锁，装、卸完毕后，桥面手站在集卡驾驶左侧，桥面副手站在集卡托板尾部右侧的斑马线内

G 桥吊装卸作业

10. 吊具下降速度过快或对位不准，容易与下方的集装箱、集卡、船舶设施发生碰撞，导致箱货受损、设备设施受损，甚至人员受伤；
11. 避免吊具起升速度过快，带起下方集装箱、集卡拖板，容易导致箱货受损、设备受损，甚至人员受伤；
12. 作业过程中严格执行“两次停钩”；
13. 作业人员做好检查确认。

司机作业中眼随吊具，观察作业环境，吊具起升到安全高度
严格执行“两次停钩”(20~50cm)

集卡作业

1. 注意观察吊具运动方向，主动避让关路；
2. 穿越桥吊前，严格控制安全距离，车辆与车辆之间保持 15m 以上安全距离；
3. 码头面行驶时，控制好车速、车辆转弯，减速让行，保障安全转弯角度。

车辆转弯，
观察周围环境
码头面严禁超速，车速控制在20km/h
车辆转弯，减速慢行，车速控制在 15km/h，保证转弯角度
CMICT
严禁穿越关路
注意观察吊具运动方向
桥吊保持20m 以上的安全距离
保持与障碍的安全距离

I 集卡箱区作业

1. 龙门吊过转道，集卡司机主动避让；
2. 龙门吊小车在中间位置，集卡允许通行，小车在两端，集卡严禁通行；
3. 集卡出箱区，主动减速，观察周围作业动态，方可起步；
4. 集卡主干道行驶车速 30km/h，引桥 15km/h，码头面 20km/h，路口转弯 5km/h；

集卡箱区作业

5. 集卡未停稳或未停到位，严禁吊箱装车；
6. 严禁在集卡车道上重载等关；
7. 严禁长时间穿越箱区；
8. 禁止穿越非作业箱区。

严禁长时间
占用借车道
车头避开关路
箱区内借道，保持
足够的安全距离，
20m 以上
严禁占用
龙门吊轨道

J 龙门吊作业

1. 登机前，仔细检查防坠器、安全带有无损坏，规范使用；
2. 攀爬时，手抓牢，脚踏实；
3. 严禁多人同时上下直梯；
4. 不得携带与工作有无关的物品，管控好随身携带的物品；

下机时必须按标准塞好木鞋
攀爬时，手抓牢，脚踏实
上机前必须按规定将木鞋放入木鞋架内

5. 上机前，拔除木鞋，按规定放置，检查防风设备、轮胎、防撞装置、取电小车等，确保无异常；
6. 动大车前，观察海、陆两侧轨道有无障碍物，将小车停到集卡车道上方，吊具起升到 4 层箱高以上，踩下脚踏喇叭，3 档内起步；
7. 行进过程中，注意观察行进方向上的设备、车辆、人员，注意大车是否跑偏，及时纠偏；
8. 行进过程中，车速控制在 3 档内，与同向行驶的其他设备、车辆保持 20m 以上距离；
9. 严禁 2 台龙门吊同点相向行驶，严禁带箱跨贝行走；

出箱区前小车必须停到电器房侧，确认安全方可起步
小车停到集卡通道上方，吊具起升到 4 层箱高以上
龙门吊出箱区前必须打开声光报警器，提示过往车辆注意避让

直道行走大车，小车停到电器房侧，观察行进方向有无障碍物，打开声光报警，车速控制在 3 档以内
电器房
箭头朝上，往海侧走；箭头朝下，往陆侧走

J 龙门吊作业

10. 严格执行“两次停钩”操作要求，垂直起升、下降，不得拖曳起吊；
11. 注意观察，必要时，指挥集卡司机进行调整；
12. 吊具起升高度不够，与场地集装箱发生碰撞，导致箱货受损、设备受损，甚至人员受伤。

垂直起升、下降，
不得拖拽起吊
距离箱顶或集卡拖板
50cm左右执行
“两次停钩”操作要求
吊具必须起升到最
高点，避免与场地
集装箱发生碰撞

1. 上下前，仔细检查，发现油污及时清理干净，上下时，手抓紧、脚踏实；
2. 车辆行驶时，主动避让大型设备，控制车速，限速 15km/h，吊具收到门架大灯 50cm 以上；
3. 两台堆高机同一箱区作业，隔 2 个大箱贝以上作业；
4. 堆高机进入箱区，注意观察，减速让行，保证安全转弯角度，限速 5km/h，箱区限速 10km/h；

K 堆高机作业

上机前，检查车辆外观和吊具

两台堆高机同场地作业，必须保持 2 个大箱贝的距离
车辆转弯，进出箱区，要减速慢行
0.5m
吊具收到门架大灯 0.5m 以上

K 堆高机作业

5. 与集卡保持 1m 以上的安全距离，观察集卡对位情况，及时用喇叭提醒集卡司机；
6. 抓放箱过程中，执行“两头慢、中间稳”的操作原则，对位准确，轻拿轻放；
7. 抓箱时，发现集卡上的锁头未打开的，及时停止作业；发现箱底有锁头时，要及时报告；
8. 放箱后，空吊具要及时起升到安全高度，并后退离开集卡车 1m 左右；
9. 控制车速，注意观察前侧箱角，贝位内限速 5km/h，倒车限速 5 km/h；
10. 进贝位前，要关注集卡的停放位置是否与作业贝相隔一个自然箱的距离。

车辆进入贝位前，吊具打开到 20 或 40 英尺（1 英尺≈0.3 米）
“两头慢、中间稳”，对位准确，轻拿轻放
注意吊具与贝位间距
吊具起升到安全高度方可倒退
进出贝位，观察周围作业动态
集卡保持与作业车辆一个自然贝位以上距离

钢丝绳作业

1. 作业前，场地督导员确认钢丝绳安装双方符合要求；
2. 作业时，正面吊司机听从督导指挥口令，严禁私自操作；
3. 起吊前，听指挥口令，进行试吊，检查旋锁连接点是否安全牢固，确认后，进行装车；
4. 装车后，叉车配合工人拆卸锁，无指令不操作。

挂钢丝绳，
严禁拖拉
听从指挥人员口令，
缓慢起升
起吊前，要试吊，
确认后，再装车
听指挥口令，
严禁私自动车
手抓牢，脚站
稳，降低重心

图书在版编目（CIP）数据

港口危险货物重点作业环节风险指导手册 / 占小跳主编；唐海齐，曾亚梅，周亚飞副主编．—北京：中国市场出版社有限公司，2023.7

ISBN 978-7-5092-2351-2

Ⅰ．①港… Ⅱ．①占… ②唐… ③曾… ④周… Ⅲ．①港口—危险物品管理—安全管理—手册 Ⅳ．①U691-62

中国版本图书馆 CIP 数据核字 (2022) 第 247521 号

港口危险货物重点作业环节风险指导手册

GANGKOU WEIXIAN HUOWU ZHONGDIAN ZUOYE HUANJIE FENGXIAN ZHIDAO SHOUCE

主　　编：占小跳

副 主 编：唐海齐　曾亚梅　周亚飞

责任编辑：王雪飞

出版发行：中国市场出版社

社　　址：北京市西城区月坛北小街 2 号院 3 号楼（100837）

电　　话：（010）68034118/68021338

网　　址：http://www.scpress.cn

印　　刷：北京捷迅佳彩印刷有限公司

规　　格：210mm×210mm　　开　　本：20 开

印　　张：4.9　　字　　数：100 千字

版　　次：2023 年 7 月第 1 版　　印　　次：2023 年 7 月第 1 次印刷

书　　号：ISBN 978-7-5092-2351-2

定　　价：68.00 元